新兴建构图集

ATLAS OF NOVEL TECTONICS

[美] 雷泽 & 梅本 著
李涵 胡妍 译

中国建筑工业出版社

著作权合同登记图字：01-2008-2972号

图书在版编目（CIP）数据

新兴建构图集／（美）雷泽，梅本著；李涵，胡妍译. 北京：中国建筑工业出版社，2011
ISBN 978-7-112-11595-2

Ⅰ.新… Ⅱ.①雷…②梅…③李…④胡… Ⅲ.建筑设计–世界–图集 Ⅳ.TU206

中国版本图书馆CIP数据核字（2009）第209777号

Copyright © 2006 Princeton Architectural Press

本书由美国普林斯顿建筑出版社授权翻译、出版

ATLAS OF NOVEL TECTONICS /Reiser+Umemoto

责任编辑：戚琳琳
责任设计：郑秋菊
责任校对：马 赛 姜小莲

新兴建构图集
[美] 雷泽 & 梅本 著
　　　李涵 胡妍 译
*
中国建筑工业出版社出版、发行（北京西郊百万庄）
各地新华书店、建筑书店经销
北京嘉泰利德公司制版
北京方嘉彩色印刷有限责任公司印刷
*
开本：850×1168毫米 1/32 印张：8³⁄₈ 字数：186千字
2012年1月第一版 2012年1月第一次印刷
定价：**60.00元**
ISBN 978-7-112-11595-2
（18820）
版权所有　翻印必究
如有印装质量问题，可寄本社退换
（邮政编码　100037）

目 录

7　致谢

11　译者序：阅读《新兴建构图集》的另一种方式

25　冷燃烧式的柔道术
　　桑福德・昆特（Sanford Kwinter）

29　前言

49　几何
　　1. 细化
　　2. 种类上的差异与程度上的差异
　　3. 未形式化的广谱性：形式寻求内容
　　4. 相似与差异
　　5. 多样性（差异）与变化（自相似性）
　　6. 局部与整体的关系
　　7. 拼贴之后：广谱性的两种情况
　　8. 连贯性与非连贯性
　　9. 关于差异的一种新理解
　　10. 选择与分类

83　物质

　　11. 密度与广度
　　12. 几何与物质
　　13. 平均的愚蠢
　　14. 古典形体与非个性的个性化
　　15. 物质的组织
　　16. 物质与力的关系
　　17. 从静态到振荡模式（并再循环往复）
　　18. 在平衡的状态中操作
　　19. 在联合关系中的平衡
　　20. 叠句
　　21. 系统之间的交换
　　22. 密度与广度 II
　　23. 机械属
　　24. 图示
　　25. 图示的运用
　　26. 细化与宏观尺度
　　27. 在联合领域中的细化
　　28. 跨学科交流
　　29. 新的空间结构可能性：三角形拓扑几何学的实例研究
　　30. 物质及其环境
　　31. 提炼的系统与一体化的系统的比较
　　32. 精确与非精确，但是严格的
　　33. 材料计算：悬垂线的例子
　　34. 系统变成另外的系统
　　35. 后福特生产

175 操作

36. 西奈山
37. 功能：建筑：：歌词：音乐
38. 在过量信息下的操作
39. 非符号的符号
40. 在程度的领域中移动
41. 偶然的动物性
42. 纹理的迁移
43. 新式结构
44. 发明
45. 风格：客观的个性化，材料的表达
46. 过分乐观的范例：起源与结果
47. 退化建筑
48. 优化
49. 没有原型的经典主义
50. 力的投射
51. 建筑与战争的比较
52. 游牧是静止的

227 需要避免的普遍错误

53. 意外的滥用：传统关联　对比　索引的关联
54. 数据的滥用：地图与领土的混淆
55. 历史的滥用：批判的剥夺和历史的辩解
56. 图示的滥用：枯竭
57. 逻辑的滥用：混淆时间与效果
58. 类型学家的错误

241 世界
    59. 一个我们时代的寓言
    60. 泡沫状的现实
    61. 波普
    62. 实践的迁移
    63. 伦理的迁移
    64. 理想的彩虹：产品的迁移
    65. 连续与不连续
    66. 文化的唯物主义论点
    67. 新地方主义

260 注释
262 参考书目

致　谢

这本书的研究工作是在以下机构提供的奖金支持下完成的。它们是格拉汉姆基金会（Graham Foundation）艺术高级研究部，普林斯顿学术委员会人类学与社会科学研究组，以及纽约市政府艺术部。同时我们要感谢艾里斯·杰弗（Elise Jaffe）和杰弗里·布朗（Jeffrey Brown），还有苏珊·格兰特·莱温（Susan Grant Lewin）为本书作出的贡献。

与罗伯特·希尔曼（Robert Silman）公司的工程师伊斯瑞尔·塞恩克（Ysrael Seinuk）、盖-诺德森（Guy-Nordenson）、奈特·奥本海默（Nat Oppenheimer）与阿勒普（Arup）公司高级几何研究组的工程师西塞尔·贝尔蒙德（Cecil Balmond）、查尔斯·沃克（Charles Walker）、卡斯特·泰姆（Karsten Theim）和丹尼尔·波西亚（Daniel Bosia）在项目上的合作为本书的写作提供了无价的素材。

伯纳德·屈米（Bernard-Tschumi）在20世纪90年代与同事在哥伦比亚大学建筑、规划和遗产保护研究生院创建了一个课程平台。它让不同的思想产生了丰富的对话，并由此制造了一种特殊的情景（一种无限可能性的感觉，就像站在大海的边上）。

致　谢

这本书在这个平台上受益匪浅。斯坦·艾伦（Stan Allen）、格莱格·林（Greg Lynn）、杰弗里·坎普尼斯（Jeffrey Kipnis）、桑福德·昆特（Sanford Kwinter）、本·凡·贝克尔（Ben Van Berkel）、曼纽尔·德兰达（Manuel Delanda）、罗伯特·索莫尔（Robert Somol）、阿里桑德罗·扎拉-保罗（Alejandro Zaera-Polo）、安德鲁·本杰明（Andrew Benjamin）为本书提供了丰富的观点，与他们持续不断的对话是本书的部分内容。今天，当年在哥伦比亚大学发起的讨论已经发展到了一个新的阶段并且变得更加的复杂。普林斯顿大学建筑学院为那些从哥伦比亚发展出来的课题提供了更加深入、更加专注的研究机会。马里奥·甘德森纳斯（Mario Gandelsonas），卡尔斯·巴利翁拉特（Carles Vallhonrat），爱德华·艾根（Edward Eigen）为此作出了巨大的贡献。我们要特别感谢我们的朋友和同事斯坦·艾伦，他对本书初稿慷慨的指导和建议对我们有巨大的帮助；杰弗里·坎普尼斯，他对本书的形成提供了难以计数的贡献，而他锋利而有启发性的建议让我们最终找到了出版本书的形式——图集。还有桑福德·昆特，他的鼓励和支持是写作本书的原动力，而他最根本的哲学观点也被包含在本书之中：它开始于一件事，却发展成另一件事。

我们把这本书献给阿尔多·罗西（Aldo Rossi），他工作室的组织结构，不管好与坏，成为了我们组建自己工作室的模式（它确保思考和工作不被分开到两个隔离的领域）；丹尼尔·里伯斯

致　谢

金（Daniel Libeskind），我们有很多原因要把本书献给他，但最主要的一点是他将非线性的思想灌输到我们的设计过程之中；约翰·海杜克（John Hejduk），他将建筑中那些无法说出却至关重要的东西交流给我们；彼得·埃森曼（Peter Eisenman），我们从来都没有进入他的设计轨道，但他的引力间接地影响了我们。还有雷姆·库哈斯（Rem Koolhaas），他关于建筑到底可以是什么的深刻洞察为本书打开了视角同时也保持了自身的特殊性。

我们还要感谢设计专家，来自研究与发展工作室的瑞托·盖泽（Reto Geiser）和唐纳德·马克（Donald Mark），他们承担了将文字思想与实际物质优雅的结合起来的艰巨工作，还有来自所罗门·弗拉乌斯托（Salomon Frausto）在编辑上的建议。

我们要感谢杰森·佩恩（Jason Payne）、亚马·凯瑞姆（Yama Karim）、戴维·茹（David Ruy）、诺娜·叶娅（Nona Yehia）、托德·鲁赫（Todd Rouhe）、马蒂斯·布拉斯（Matthias Blass）、沃尔夫甘·古为泽（Wolfgang Gollwitzer）、艾斯特里德·皮贝尔（Astrid Piber）、瑞特·鲁索（Rhett Russo）、埃娃·派瑞兹·迪维嘎·斯蒂尔（Eva Perez DeVega Steele）、杰森·斯克洛根（Jason Scroggin）、佳佑景子（Keisuke Kitagawa）、松永太郎（Hisa Matsunaga）、约翰·迈克勒姆（John MacCallum）、斋藤竹七（Akari Takebayashi）、库坦·阿亚塔（Kutan Ayata）、迈克尔·扬（Micheal Young）、岛津香帆（Taiji Miyasaka）、马科锡兰·高（Marcelyn Gow）、约翰·凯勒（John Kelleher）、肖恩·德

利（Sean Daly）还有其他工作室的成员，他们在工作室的设计项目上花费了无以计数的时间。

我们还要感谢我们的出版人凯文·里普特（Kevin Lippert）对本书及时和持久的支持；我们的编辑南希·埃克朗德·雷特（Nancy Eklund Later），她对我们手稿多年来透彻的阅读就像创作风暴中的稳定器。

我们感谢乔纳森·所罗门（Jonathan Solomom），她持续的、不屈不挠地在本书手稿上多年的工作，使她成为图集中所陈述的观点的共鸣器。

最后我们要感谢德博拉·雷泽（Debora Reiser）和久惠广田（Kikue Hirota），她们的宇宙空间给了我们生命，她们的边界让我们试图推动而不是逃离。还有齐克（Zeke），我们的儿子，一个永远存在的想像力和一个对我们作品富有新鲜观点的评判者。

译者序：阅读《新兴建构图集》的另一种方式

理论与实践的断层

本文可以看成是一篇导读。但与通常的导读不同，它不是逐字逐句的分析细节，无限地逼近原文，也不是通过详实的背景知识和参考资料挖掘文本之后更深层的含义；恰恰相反，本文的实际目的是将读者的视点拉远，从而获得更广的视角，在一个更整体、更宏观甚至是更简单的层面上去阅读。

之所以要"退一步"阅读，和当代建筑理论研究的一些现象有关。我们在亚马逊网站上关于本书的书评里看到这样一条有趣的评论："这本书用一种极其复杂的语言解释了辩证法。是 3D 启发了这样的写作。所谓 3D 即德勒兹（Deleuze）、德里达（Derrida）和德兰达（Delanda），他们共同的特点就是用极复杂的方式耕耘范围巨大的田地，最后只得到一小把麦穗。"尽管有些偏激，但却鲜明地指出了当代建筑理论研究的一个问题：过度知识精英主义。文字越来越华丽、句型越来越复杂、理论越来越晦涩，但完成的建筑却远没有理论所描述的玄而又玄。这种现象形成的一个外在原因是财力雄厚的大学让建筑知识精英们不必再劳心于实践。他们可以全身心地沉溺于形而上的思辨中，图书馆就是他们的建筑工地。理论是知识精英们的思考游戏，实践是开业建筑师的经济活动。理论和实践不必也无法相互关联。建筑理论家使用的语言几乎和建筑师出现了断层。如果有一天建筑师根本听不懂建筑理论家在说什么而只有哲学家能明白，那么这是建筑理论的进步还是悲哀？

　　作为本书的译者，同时作为从业建筑师，我们在本书的翻译过程中同样感受到了这种现象。作为译者，我们有责任保持对原文忠实的翻译；但作为建筑师，我们更希望能缝合理论家的文字和建筑师语言之间的断层，从而让对话和交流得以产生，让前沿的建筑理论能更有效地指导建筑实践。

　　改变阅读方法，放弃繁琐的艰深的细节以获得更清晰简单的整体，通过建筑实践来反观建筑理论是我们找到的有效途径。本序通过对《新兴建构图集》一书的介绍讨论了理论阅读的另一种方式。

《新兴建构图集》断层犹在

　　2010年初，RUR[1]在台北演艺中心的国际竞赛中获胜。RUR的方案包括一个抬起的巨大平台和三个雕塑感极强的剧场。最吸引眼球的是一个被称为"机器人剧场"的音乐厅。它可以像雨伞般张开，并在轨道上移动，模糊了剧院表演空间的界限。2007年RUR同样在竞争激烈的深圳机场3号航站楼的国际竞赛中获得第一名，尽管他们石破惊天的混凝土机场方案由于机场公司担心其施工时间而未能成为最终实施方案，但他们对福斯特（Norman Foster）所创造的高科技风格的机场样板的挑战已掷地有声。近几年实践上的成功让RUR成为数字一代建筑师中引人瞩目的明星。

　　将时间退回到1986年，年轻的杰西·雷泽（Jesse Reiser）和梅本·奈奈子（Nanako Umemoto）在纽约成立了RUR建筑事

译者序：阅读《新兴建构图集》的另一种方式　　　　13

RUR 台北演艺中心中标方案

RUR 深圳机场 3 号航站楼竞赛方案

务所，当时的成员恐怕只有他们自己和实习学生。1988 年纽约哥伦比亚大学建筑学院请来了一位重要的人物——伯纳德·屈米 (Bernard Tschumi)，他广泛的聘用生活在纽约附近的年轻建筑师担任教学，一时间在哥伦比亚大学活跃着一批富有进取精神，试图改天换日的年轻人，这其中包括格雷格·林恩（Greg Lynn）、斯坦·艾伦(Stan Allen)、哈尼·拉希德(Hani Rashid)，以及杰西·雷泽和梅本·奈奈子。恰逢此时，建筑领域的数字化变革愈演愈烈，电脑软件开始全面取代画笔和图板。这些思想开放的年轻人天然地成为这场数字革命的发起者。很快他们的言论和作品受到了理论界的关注，被称为"无纸一代"。RUR 幸运地参与到了这一团体中，并伴随团体的壮大逐渐获得了声誉。尽管在事务所成立后漫长的 10 年中，RUR 没有获得过真正意义上的建筑项目，但是他们的建筑活动依然丰富多彩，展览、杂志、论坛，随处可见到他们的身影。当时间悄然结束第二个 10 年，历史性的转变发生了。

2006 年 RUR 在迪拜赢得了事务所成立以来第一个大型建筑项目——"O-14"大厦。同年普林斯顿建筑出版社出版了他们的理论专著《新兴建构图集》。这是 RUR 近 20 年建筑探索的总结，是事务所在理论研究上的一个里程碑。

全书共分 5 章,每章分若干独立的小节,每个小节包含文字部分和图片部分。各小节的排序基本上是随机的,因此可以从任意一页向任意方向阅读而不构成理解上的障碍。

本书前两章"几何"与"物质"包含 35 个小节,占全书内容的一半,是全书的核心部分。作者旁征博引,讨论涉及哲学、生物学、数学、文学、化学、工程学、建筑学等众多领域。我们尝试着把它们归为三类主题:

整体与局部:主要集中在第 2、4、5、6、7、8、9、17 小节。作者首先提出两种不同性质的差异——种类上的差异和程度上的差异;进而比较了由种类上的差异构成的拼贴式整体和由程度上的差异生成的连续式整体。作者认为后者作为一体化的系统,打破了僵化的层级结构,局部通过自身的渐变形成了整体的质变。局部与整体之间是一种交互的关系,"与现代主义的缩减模式相比,能够激发出新的组织方式和新的建筑效果。它的整体性无法拆解成不同的局部。从这种组织模式中不再有整体与局部的关系而是整体与整体的关系。"

几何与物质:主要集中在第 11、12、15、16、21、22、32、33 小节。作者首先区分了两种属性:广度与密度。广度对应几何和类型,密度对应物质和材料。前者是限定物质的方式,后者是生发性的工具。传统上建筑师倾向于用先验的几何形体来控制物质的组织,却忽略了物质本身的自我组织能力。作者认为物质材料内部的变化规律存在巨大的创造性潜力,同时又强调"要想在建筑的范畴上操作它们就需要通过与广度模式建立联系而将其

译者序：阅读《新兴建构图集》的另一种方式　　15

国家体育场和地灯　　　　　　VITRA 家具厂新展厅/草地上为鸟巢地灯

精确的尺度化。密度领域的创造性趋势和广度领域中的编码式趋势……存在着交互的过程。"

结构系统：主要集中在第 19、23、29、31、34、35 小节。作者详细讨论了"三角形拓扑结构系统"。三角形拓扑几何学源于希腊术语中的测地学（Geodesis），原理是用一根想象中的地理线按直线路径模拟地球的曲率。这种结构系统由英国工程师巴那·威利斯（Barnes Wallis）勋爵开创，最早用于飞艇。它在建筑领域里最著名的应用是富勒在蒙特利尔世博会上建造的直径达 76 米的穹顶。但作者认为富勒的运用仅仅是"通过简单的优化解释理想的几何形式——圆。"[2] 与之相比，作者更欣赏利用这一结构编织得到机身的解决方案，它在保持结构一致性的同时，建立了形式变化。这正是"三角形拓扑结构系统"最大的潜力，即能在不增加系统复杂性的前提下，应对复杂的空间形式。

经过前两章的概念讨论，第 3 章"操作"似乎是水到渠成。我们期待着作者能够把理论概念引向建筑实践。但阅读后却发现，作者或是继续抛出新的概念加以讨论，例如"非符号的符号"，"力的投射"；或是干脆跳出建筑行业，用类比的方式探讨建筑实践。

譬如"游牧的也是静止的"一节，作者谈到每年冲浪者们都要跟随海浪与气候的变化而迁移。然而对于冲浪者自身来说，他们所处的小环境永远是温暖的、浪大的、适宜冲浪的海滩。从这个角度审视冲浪者是静止不动的，他们身边的环境永远不改变。这种辩证逻辑的确可以愉悦人的思维，但它如何"操作"，如何凭借这个有趣的逻辑进行建筑设计，只能仁者见仁智者见智了。类似的问题也出现在"在过量信息下的操作"和"建筑—对比—战争"这些小节中。

第4章的题目是"需要避免的普遍错误"。这类命题通常出现在教科书当中，因此让我们对实用性抱有一种强烈的期待。但实际上作者提出的"普遍错误"在建筑实践中几乎无关痛痒，理论上听起来致命的错误，在实践中恐怕并无大碍，甚至可以发挥积极的作用。例如在"历史的滥用"中作者讨论了建筑与自由和政治的关系并指出用历史来辩解物质现实的错误，但在实践中，建筑是否带来自由、建筑师是否滥用历史只是可有可无的说辞，谈不上对错。而在"数据的滥用"和"图示的滥用"两小节中，由降雨量图表生成的起伏屋顶和由图示推导出的不同尺度的倾斜体被认为是错误的形式生成逻辑。但如果将建筑其他层面例如功能、空间等恰当的跟进到这些形式中，建筑师完全可以从新的角度为这些"错误"的形式找到"合理"的注解，进而发展出有趣的设计。国家体育场周边的地灯也是"鸟巢"的形状，这显然犯了"图示滥用"的错误。但正是这个错误产生了新奇的地灯形式，以至于赫尔佐格（Jacques Herzog）不远万里将它们安放在VITRA家具厂的新展厅旁。

 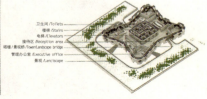

纽约世贸中心标准层平面图　　　O-14大厦标准层轴测图

第5章"世界"是作者对某些全球性议题的讨论。文字已完全游牧于发散的思想中，与实践的关联自然也无从谈起。

总体看来，本书依然延续了理论界精英主义的写作模式，对抽象概念的思辨远胜于对实践的关心。作者在前言中提到"本书不需要前言因为它从开始到结尾都是前言"。的确，小节式的文本结构使本书阅读起来更像"前言"式的知识索引。作者在理论界浸泡多年所建立的宽广的知识体系，通过散点式的论述为我们打开了通向新建构的视野。但另一方面，这种组织方式套用作者自己的话说是一个"拼贴的、并置的系统"而不是一个"连贯的、一体化"的系统。它的问题在于当阅读穿越这些知识的碎片后，阅读者很难形成连贯的思考，也就不能有效地将它们转化为用于实践的设计策略。理论和实践的断层依然存在。

从实践阅读理论

如果理论和实践之间确实存在缝隙，那么对于阅读本书的建筑师而言一个迫切的问题就是如何缝合这道缝隙。理论家可以打着"给读者更多思考空间"的名义让文字留下一片玄虚，但读者该怎样使用这些慷慨赏赐的"思考空间"呢？在建筑学的范围内，我们认为通过阅读建筑来解读理论是一种可行的方式。物质化的建筑不会"修辞"和"玄虚"，它们是理论最清晰的镜子。

让我们把书放在一边，看一看 RUR 目前实现的最大项目"O-14"大厦。从外观看，"O-14"有数字化建筑的典型特征：呈曲线的轮廓以及多孔状表皮。但从建筑的结构系统看，它又和世贸中心双塔有相似之处。世贸中心是典型的筒中筒结构。建筑中央是内筒，外围是密柱构成的外筒，内外筒之间是均质的标准层空间。"O-14"在本质上也是一个筒中筒结构。它有一个标准的内筒，一个"异化"的外筒和 22 层"异化"的标准层。这里的"异化"相对于世贸中心的"标准"。世贸中心外筒的密柱大小相同排列均匀，但"O-14"不同，混凝土外壳不是均质的，洞口的分布看上去随机而自由。但这种随机自由实则受到多种因素的严密控制，例如功能、采光以及最有趣的一点——楼板。"O-14"各层楼板的边缘是一道完整的环梁，与外壳保持一定的缝隙。楼板和外壳的连接依靠的是从环梁上伸出的"触角"状的梁头。由于外壳的多孔状结构使得它每层的横截面均不相同，但梁头必须伸向外壳非开孔的区域。于是看似相同的标准层楼板，由于伸出梁头的位置变化而实则层层不同。楼板和外壳的这一关系是相互的，多数情况下是梁迁就外壳，但肯定也有结构计算无法通过，需要修改开孔的位置，让必须存在的梁"有的放矢"，同时开孔之间的距离也受到梁头截面大小的限制。外壳和楼板实际上是一个统一的系统，相互影响又各自"异化"。

正如雷泽所说的："在'O-14'项目中，我们处理现代主义

O-14 大厦混凝土外壳　　　　O-14 大厦混凝土外壳和楼板交接关系

的空间和外壳。在一定程度上,世贸中心的设计,雅马萨奇保持了结构与空间的分离,而'O-14'却整合成一个有机系统。它不存在像柯布西耶的笛卡儿坐标空间结构和纯粹生态的形式或装饰之间的二元分割,物质和空间成为一个统一的东西。这是我们对于现代主义的批判。"³ 再回到本书的前言,作者写到:"作为对现代主义建筑贫乏和均质的回应……我们的作品最大的不同是取消由坐标系定义的固定的背景而倾向于空间和物质融合为一的概念……我们的作品不是现代主义运动所发展出的普遍性模式的补充,也不是和它的对立,而是对新的领域的探索。"这是本书理论出发的原点,即现代主义存在问题,通过对它的修正和创新可以产生新的建筑。那么现代主义的问题是什么? 广州塔的建筑师海默尔这样总结:"现代主义教会我们把一个问题分裂成几小块,然后在分别解决它们的方法。这种基于分析和拆分问题的态度现在看来是有不足之处的。所以当代的重点已经转移到了解事物彼此之间的关联,作为一个整体,研究复杂系统的交互关系。"⁴ 雷泽所说的"结构与空间的分离"针对的正是这一点,本书的6、8、17小节也是在此基础上展开的讨论。

至此我们明白了本书理论的出发点以及它想实现的目标,接下来的问题是建筑师最关心的:怎样设计这样的"新建筑"呢?让我们再看一看 RUR 近年的另一个重要项目——深圳国际机场3号航站楼。尽管最终功亏一篑,但 RUR 提出用混凝土建造一座机场的想法确实让人为之一振。深圳机场的方案与"O-14"大厦有很多相似之处。乍一看,机场大厅就是塔楼展开的多孔状表皮。但仔细观察,深圳机场的开洞与"O-14"大厦相比较多了一个变化维度。"O-14"大厦的洞与表皮始终保持垂直关系,而深圳机场的洞以多种角度切入建筑表皮。实际上由于孔洞面积与实墙面积比例的变化,深圳机场的表皮已经演变为一种斜交的混凝土格构系统。孔洞切入角度的变化实际上是通过格构截面的缩放、倾斜和扭曲实现的。这种变化不仅带来了形式上的多样性,同时"能够使我们精确校准机场中的光影。我们甚至可以通过逐步调整视线的角度,来控制旅行者在飞机窗口看到的景观。"

通过比较深圳机场和"O-14"大厦的异同,我们不难发现 RUR 在设计建筑时的出发点是结构系统。"O-14"大厦的重点是孔状混凝土外壳与楼板构成的一体化结构;深圳机场是用混凝土格构系统颠覆机场建筑以高科技风格为代表的钢结构传统。将结构系统多功能化,使它不仅扮演负担荷载的角色,而且积极参与到诸如空间、形态、功能和装饰的层面中,是让建筑成为一个有机的一体化系统的最有效方法。当然我们也可以从装饰元素入手,用它来整合结构等其他建筑层面,但无疑难度要大很多,且说服力较差。而结构作为建筑的基础系统，操作起来就游刃有余。因此 RUR 的一个核心目标就是找到或发明可以不断调整改变的结构系统，用它来整合建筑的其他层面，从而实现"物质与空间的统一"。除了混凝土格构系统外，RUR 另一个钟情的结构系统是三角形拓扑结构系统。本书第 19、29、31、34、35 小节花费大量笔墨对它进行讨论，可见一个能够产生多样性的结构系统对于 RUR 的重要。

当有了这样的结构系统，下一步的工作就是如何调整变化它，从而产生结构的多样化和复杂性，并最终使结构系统影响到建筑的其他层面。RUR 在深圳机场方案中对混凝土格构系统的操作揭示了他们改变调节结构的两个基本方法，即在本书第 7 小节提出的方法：简单的单元沿着变化的轨迹重复或变化的单元沿着简单的轨迹重复。在深圳机场的方案中混凝土格构的截面就是单元；格构延伸的路径就是轨迹。航站楼就是在格构的截面和延伸路径的相互变化中形成的，而变化的依据可以是功能、流线的需要，也可以是光线、景观的质量。在这种不断变化的状态下，结构逐渐进入了建筑的其他层面，如形态、立面的形式、空间的塑造，最终一个有机的、交互的、牵一发而动全身的"新建筑"产生了。

这就是"新建筑"的设计过程：找到一个足够灵活的结构系统，用两种基本的方法调整它，并通过结构产生的多样性，整合建筑。用 RUR 的话说"场所满足以下三种条件下：足够数量的元素、关联性、和相对接近的尺度类别……其结果将是在那个丰富的领域里尽可能的极简。"海默尔说的更直白："组合尽可能少的成分，创造出复杂性和丰富的效果。"[5]

深圳机场混凝土格构系统

深圳机场室内

理论联系实践

通过阅读建筑，理论中最清晰，最简单也是最实用的部分逐渐浮现出来，读者的思路跳开了作者的束缚从而让阅读变得主动有效，即使为此我们不得不牺牲一部分深奥的细节。在此基础上，我们尝试着走得更远。当年柯布西耶定义现代主义建筑的设计原则时，只用了5个短语"底层架空；屋顶花园；自由平面；横向的长窗；自由立面。"语言是何等清晰、明确、简单，任何建筑师套上这5条就可以做出一幢现代主义建筑。于是我们产生了一个有趣的想法：是否可以用柯布式的语言定义本书所讨论的"新建筑"。毫无疑问，近10年的建筑实践已经逐渐形成了一种新的建筑审美倾向。10年前，建筑师可能热衷于用并置、拆分、穿插的手法将建筑体量打散，例如安藤忠雄和迈耶的作品。今天无论是地标性的大项目，还是地域性的小建筑，成功的作品更多地倾向于一种完整连贯的大形势。通过对RUR建筑的分析以及对这几年实践经验的总结，我们对应着柯布的5条短语，将今日"新建筑"的设计原则归纳如下：大地褶皱；起伏屋顶；连续平面；肌理化开窗；结构化立面。

译者序：阅读《新兴建构图集》的另一种方式　　23

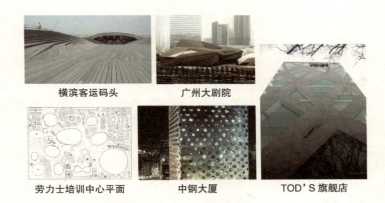

横滨客运码头　　广州大剧院

劳力士培训中心平面　　中钢大厦　　TOD'S旗舰店

大地褶皱：建筑的底层和周边环境生长在一起，通过坡道、台阶、斜面等处理手法将建筑溶解在景观中，和大地合为一体。例如FOA设计的横滨客运码头。

起伏屋顶：建筑的屋顶不再是平的。由于高低起伏的变化，屋顶逐渐参与到立面中，两者的界限愈发模糊，甚至消失。例如扎哈－哈迪德（Zaha Hadid）设计的广州大剧院。

连续平面：平面的分割越来越隐蔽，主要空间的划分更多依靠形体变化的暗示而不是墙。坡道的大量使用使不同标高的平面顺畅连接。例如SANNA设计的劳力士培训中心。

肌理化开窗：窗不再是独立的系统而成为立面的图案肌理和细部变化。例如MAD设计的中钢大厦。

结构化立面：将结构形式直接转化为立面形式，即德勒兹指出的："当建筑表皮具备结构和材料的双重属性时，表皮就可以代替空间结构成为建筑自身。"例如伊东丰雄设计的TOD'S旗舰店。

以上5条相互影响，对其中一条的使用将导致其他几条的同步跟进。至此，从实践出发对理论的阅读又回到了实践。在这一过程中，我们只涉及了本书的个别章节，抛开的部分被对实践的观察所替代。我们的收获是具体的设计策略和手法，并对它们背后的理论依据形成清晰的认识，理论和实践由此形成完整的环。陶渊明在那篇自传性的文章"五柳先生传"中写道："好读书，不求甚解；每有会意，便欣然忘食。"这正是我们提倡的对理论阅读的另一种方式。不求甚解是为了避免对繁琐的细节的纠缠，从而将注意力转移到对宏观的把握以及更广泛的背景性观察。阅读最终的目的不是去无限地靠近作者，去核实他的想法，而是"有会意"而"欣然"。

最后我们要感谢田纪坦对本书翻译工作的帮助，感谢任浩对"冷燃烧式的柔道术"一文的真知灼见，感谢戚琳琳编辑对我们的耐心和信任。

李涵　胡妍

2010年9月

注：
1 RUR 是本书作者的建筑事务所 Reiser+Umemoto RUR Architecture P.C. 的简称。
2 乔纳森·所罗门，"大量信息下的操作：与杰西·雷泽和梅本·奈奈子的对话"，世界建筑，08/2009。
3 同上。
4 钟和晏，"广州塔：城市新象征？"，三联生活周刊, 04/2009。
5 同上。

冷燃烧式的柔道术

桑福德·昆特（Sanford Kwinter）

雷泽 & 梅本一直用发现硝化纤维的故事说明发现的神奇。硝化纤维在历史上不仅推动了现代弹道学的发展，还促进了火箭技术和航空科学的进步，而它的发现则来源于一次著名的事故。一个名叫克里斯蒂安·弗里德利希·舍恩拜因（Christian Friedrich Schonbein）的德国化学家尝试将一团棉花融化在氮和硫磺混合的酸液中，但没有成功，因此就把这块浸湿的棉花放到火炉上烘干，然后就回家吃饭了。不需要更多的帮助，神奇的化学反应就自己开始工作了。可怜的申拜思再也没有见到他的实验室，但是全世界却因此得到了硝化纤维。

我们可以说硝化纤维是那种因需要而产生的发现，开辟了整个世界的全速发展，如空间旅行、远程战斗等。但是从雷泽 & 梅本的角度来看，说明不要将"发明"深深埋藏于神秘莫测的神话之中，而要将其确切地看做一种自发的，或者说经过深思熟虑的转移的产物。我在这里所说的转移，就是当前哲学术语称之为图解的转移。但到底什么才是图解呢？图解是一种无形的矩阵，是一组工具，作为基础，或者更重要的，组织各种物质构筑物的形体表达。图解是可以随时激发的潜能的宝藏，存贮于某个物质或某种环境中（或者这些事物的每个集合或片断中）。它决定了何种形式（或效果）能够得到表达，而何种不能。简而言之，它是事物的动力，决定事物如何运作的模数。

雷泽 & 梅本的工作更像化学工程师，而不是建筑师。发明硝化纤维的深远意义还在于肯定了新鲜事物的能力，说明需要通过事先准备，精心收集其出现的形式和状态才能实现创新。如果没有棉花，酸就只能作为溶剂，而没有雷管和催化物。棉花使反应变慢，让它们展开，其纤维素形成复杂的硝酸盐，建立相互作用的模式，使反应物受到空间和时间的限制。简而言之，硝化纤维是活动中的形体。它表现了从一个整体（纺织厂）到另一个的图解转换，具有新的特征、潜力和效果的产物（选择物）。这和雷泽 & 梅本的设计是相通的。

当一棵树的功能是一个木头柱子或木头梁时，它就被表现为一组纤维，或者更准确地说，是维管束的形体，用以提供纤维素的特性，在宏观的房屋中呈现其适当的刚性和弹性。而另一方面，如果一棵树被看做烧火用的木料，那就只有火本身——已经存在于木材中，只是处于沉寂状态，极缓慢地变化着——能够得到表现。这两种表现形式，化学的和建构的，都具有相同的物理实体。这就阐述了图解的作用，可以唤起并体现如此不同的特性。要理解这样简单但是重大的关系，需要一场设计的革命。

硝化纤维揭示了冷燃烧的潜力。冷燃烧表示减缓之前处于冰冻状态，它可以突然展开，也就是我们所说的爆炸的形体展开速度。任何人发现了中间立场，使得展开的节奏能够为物质形体赋予真实环境下的性质、特点和效果，为世界提供创新。雷泽 & 梅本就是这样致力于研究将建筑看做一种有节奏的模式,可以植根于任何地方,但是只有通过有组织的图解才能获得收获。图解在此处的作用是逆向的,如同一部"阅读仪器",或者说是燃烧机,通过以适中的速度让外界环境的信息和能量进行流动,将其浓缩。木头立刻成为一种具有无限吸引力,但仍然只在暗自燃烧的火焰,可以加速燃烧,也可以成为根据可获得的当地气候、度量和地理历史的情况有组织的一组层次。所有在这一层面上对木头的运用,只能通过图解式的调整和控制、传送信息和时间的流动。

我们所处的时代特征是,知识日益来源于流动的体系(数据变化的轮廓和速度、物质运作的模式等)。但是流动本身,在过去这些年,特别是在设计领域,往往只被看做一种产生美观的东西——能够根据现状简单暗示动态知识,但很少切实得到使用——而不是真正的认识论产物。燃烧的效应,根据它将物质控制于减缓或加速的状态中,分配或收获物质和美观产物的特性,对于如今全面涌现的新唯物主义是相当重要的。

第一本设计手册反映了70年前物理学发生的根本性变化,生命第一次被理解为时间模式的表达,而不再仅仅是单纯的物理和化学范围。现在,建构也同样被放到了物质的核心,作为知识的解放,置于其中,而不是只作为一种形态作用(静力学的神话一去不复返了),建筑学的责任就是使其为人们所感知。

新唯物主义将成为新的表现主义。

前　言

前　言

关于最均质的社会环境，最密集的交织着各种情况的联结的最深入的研究并不能用来服务于我们去设计莱昂（LAON）塔。
——亨利·福西永（Henri Focillon），《艺术中形式的生命》

这看起来是一个奇怪的矛盾。一本关于概念的书却要强调特定性。但是如果这些项目的真实特性不存在的话，这本书中所有的概念，所有的模式对于建筑都将毫无意义。与规划不同，建筑的成败最终决定于项目自身的特定性，世界上没有一种情况在每一个建筑项目中都永远具有价值。

在这样一个时代，每个人都如此迷恋于把建筑设计的价值作为文脉和特定条件的产品。而建筑师不必像历史学家那样困惑于逐渐消失的历史迹象。因为他们所关心的产品——建筑即使不是永远的一成不变，也由于其作为物质的形式，而处于相对坚固不变的一面。建筑永远不会因为解说的缺失而被消解。事实上是解说投射在它们身上。因此建筑实质上是历史事件发生的基础，而不是历史的化身。

坚固不变之所以给我们一种愉悦感正是因为其他的事件可以在其身上发生。

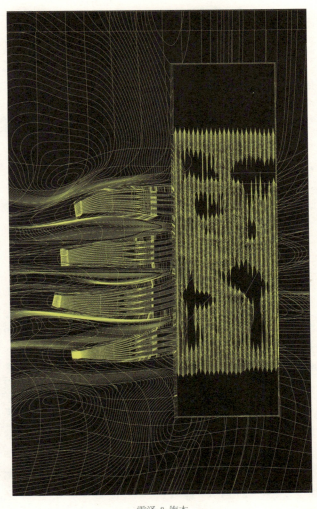

雷泽 & 梅本
为杰弗里·坎普尼斯设计的水院,
哥伦布,俄亥俄州,1997 年

历史学家和批评家肩负着在文脉中建立事物意义的使命,这使他们与建筑实践相对立。历史仅仅作为意识形态的形式,不足以催生出一个建筑。这并不是要否认历史、文字、条件的重要性,而是要指出建筑作为人造物的特性。任何建筑形成的历史、条件和时间与建筑最终的结果并不是一回事。这一现象一方面以它特有的方式影响着历史,另一方面它也改变建筑的结果。事实上,正如弗里德里希·尼采(Friedrich Nietzsche)在他的论文"关于生活历史的使用和缺点"中所指出的,在任何创新的举动中都存在着非历史的元素。[1] 这不仅仅是创新的前提条件,而且附着于建筑物自身中。它最终将超越那些规定建筑功能的文字。正如雅格·路易斯·伯格斯(Jorge Luis Borges)所指出,作者制造了自身的先驱,新的建筑本质上承认准则。因为建筑制造了新的历史,而不是历史制造了新的建筑。

本书首要的和必需的前提是,有益的创新是坚固的建筑更理想的状态,也是建筑实践背后的驱动力。但这并不是说我们要拒绝传统的实践和实用主义的建筑。事实上我们认为它们是在这一领域里追求创新的实践者的双重责任。

自然主义学者汤普森(D'Arcy Thompson)在他1917的书《关于生长和形式》中谦虚地说道:"这本书不需要前言因为这本书从开始到结尾都是前言。"[2] 就像汤普森的作品,我们的书也都可以看做是前言。我们试图用质的方式来处理那些我们的合作者-工程师所要处理的量的问题。

正如安泰尔姆·布里亚-萨瓦宁(Anthelme Brillat-Savarin)1825年完成的著作《体验的哲学》这不是一本关于"秘方"的书,

但在它的特殊性中,它暗示出一种在专业领域里的具有普遍性的操作方法。尽管每一个观点都是在一个特定的条件和事例中发展出来的,但它的价值却在于更广泛的运用中。我们认为建筑是一系列特定的问题情境,与那些推论式的学科不同,建筑不能被反证。建筑设计的过程是让开放与进步发生而不是固执地拒绝问题的发展。只有这样设计才能够让建筑保持足够的灵敏以避免僵化。

潜能

阿尔多·罗西(Aldo Rossi)在他 1981 出版的书《一个科学的自传》中把建筑最本质的前提归结为物质和能量的关系。他描述了物理学家马克思·普朗克(Max Planck)记录的一个关于石匠如何付出巨大的努力把一块石头举到屋顶上的故事:

> 石匠被这样一个事实迷住了:用来举起石头的能量没有消失;它长时间地保存在那里,从不减弱,它就隐藏在石头中,直到有一天那块石头突然滑落,砸到一个路人并致死……在建筑中,这样的探求无疑是围绕着物质和能量进行的;如果一个人没有意识到这一点,他就不可能理解一座建筑,无论是从建构方面还是从构成方面。在使用每一种材料的时候,必然有一种对建造一个场所以及它的变化的预期。[3]

罗西的观察在今天看来比以往任何一个时候都更贴切。诚然，当物质和能量作为罗西公式中最重要的构成因素时，它们是以一种实在论主义者的固定的类型模式存在的。它们的潜能被理解为围绕在完美的静止的物体周围的精神。在这种情况下，尽管是同样的元素参与其中，它们各自的角色却被反转了。罗西很欣赏意大利语（Tempo）中的双重意义。它既可以理解为氛围，也可以理解为年代表。[4] "当晨雾每天滑入中庭的时刻，它扰动了建筑中巨大的宁静以及其中随着古典主义到来而使建筑活跃的精神。"但我们对这样的活力有更大的野心。这些活力必须进入并在物质的每一层肌理中找到表达的方式。让我们明确一点：这不是那种一般的建筑必须要真的动起来的错误概念，也不是那些用电脑动画软件渲染出的看似动态的过程图。建筑不需要动，但它的内容，

有雾的回廊

它的尺度，它的变幻和测定将携带能量场的膨胀和收缩的痕迹。

那个曾经由固定的场所和不变的物质所定义的世界已经由一个由物质间局部的互动关系所定义的物质场所取代。这样的建筑更多的是关于速度而不是移动。速度可以被理解为一种绝对的属性，因此这样的建筑的肌理可以反映出由很快到很慢的速度，却在实质上并没有移动位置。建筑因此不再是速度流沉默而安静的目击者。它既是结构的、物质的，也同时是氛围的和效果的。我们不再将临时的装置和永久的建筑相对立，而认为临时性可以进入建筑的每一层肌理，二者可以融合在一起。

雷姆·库哈斯（Rem Koolhaas）认为：自由等于建筑的不存在。举例来说，他认为一个城市广场的开放空间包含着最大限度的自由的可能性。与他的观念不同，我们支持罗西的信念，那就是库哈斯所理解的自由只是一种空洞。实际上正是建筑的限制，它的形式上的特定性和它的固定不变超越了任何功能主义者的决定而真正体现了自由。在既不一概的空旷也不一概的封闭之间，建筑在作用于我们不断变化的行为中提供了未知性发生的可能。

我们主张把材料与形式的特别性放在建筑的首要位置，它们比对建筑的解读更重要。实际上所有对建筑的解读都是直接从材料的现象中获得的，但这一公式却不能被反转过来。当你试图从语言中推出事实，最终招来的是更多的语言。当你试图从解读中推出建筑，建筑就变成了图解和比喻。不仅仅建筑本身是这样，建筑设计的过程也遵循同样的原理。物质实践不关心它到底是什么，而关心它到底能做什么。

从广度的场所或密度的物体到密度的场所——物体

作为对现代主义建筑贫乏和均质的回应,上一代建筑师像罗伯特·文丘里还有约翰·海杜克都选择和发展了高度特别的运动元素。这种从现代主义所占据的高度系统的,笛卡儿式的场所中提炼出来的主题(一般为象征式的)被看做是对建筑中独特性和多样性的宣言。简单地说,就是对单一的体量,形态以及拼贴——一种不连续的技巧的发展。但这种选择性的方式依然有它的欠缺。它放弃了现代主义建立伟大的系统性的雄心,而更倾向于某种特别的手法。它专注于通过强调脱离了场所的物体来修饰现代主义。

对于建筑师来说,空间的概念,直到最近,依然是绝对的笛卡儿坐标系式的,无论他是关注场所还是强调物体。我们的作品最大的不同是取消由坐标系定义的固定的背景,而倾向于空间和物质融合为一的概念。这一改变不是简单的一个概念或是一个信念而对建筑毫无影响,它将在本质上颠覆建筑的思考方式,设计方式以及它由图纸转化为实际物体的过程。

现代主义的卫道士,还有那些试图仅仅通过更新现代主义的理论而不必改变建筑来拓展现代主义的人正犯着一个巨大的错误。在他们的头脑中,建筑学的改朝换代仅仅是讨论方法的改变,它既不会影响现实的建筑,现实的建筑也不会影响它。这样的话,讨论仅仅是对同样的世界的一种更时髦的解读,而原来的世界仅仅是被错误地解读了。

上 约翰·海杜克，拜屋（墙屋2号）
中 彼得·埃森曼，2号住宅（弗兰克住宅）
下 罗伯特·文丘里/VSBA，戈登·吴大楼

笛卡儿的世界在科学领域早已被认为是不真实的。它对建筑思考的束缚也已开始逐步消解。事实上，笛卡儿坐标只是巨大宇宙中的一个小特例。在新的建筑思想到来之前，这个宇宙的潜力还没有被打开和使用。你需要新的模型去思考新的作品。我们并不是要否认宇宙空间的存在。我们是要指出，宇宙不是一个没有任何质量的坐标系，而是由无所不在的差异所构成的物质场所。

然而今天任何严肃的建筑作品都应该是与现代主义者的大炮及其分支进行斗争。我们认为我们的作品不是现代主义运动所发展出的普遍性模式的补充，也不是和它的对立，而是对新的领域的探索。有些包袱我们要丢到路上，或是像亚尔古舟（Argo）一样，根据旅程的不同改变为不同的工具。这本书是一个批判性的作品，但它渴求肯定的批判性。我们试图驱散实在

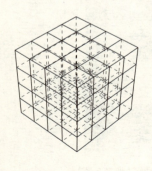
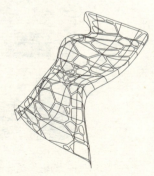

左　笛卡儿坐标系
右　非结构坐标系

论主义者对于普遍性的假设，对于历史模式的僵化观念，以及作者自身的无法缩减性。因为很明显，大炮式的作品表现出了一种强烈的非人性；它们实际上是对问题的全面对峙，而后再加盖一个作者的图章。

在经典的建筑模式，对于结构的忠实以及构成式的形式主义之间所形成的张力构成了一种文丘里式的"既……又……"的逻辑。[5] 但与文丘里式的公式不同，我们的作品所表达的对于动态的理解不是把玩符号、阅读符号（从而满足对意义的表达），而是一种适度的材料之间按其内在逻辑的竞争。我们主张"又……又……"的逻辑，既不是纯粹的经典建筑模式，也不是纯粹的对于结构的忠实，也不是纯粹的构成式的形式主义。我们提倡一种结局更加开放式的过程。

文丘里的"既……又……"的逻辑是一种风格主义者的等级。它试图将整体性的复杂与矛盾纳入可以辨认的建筑维度。"又……又……"逻辑将建筑的多样与复杂性推进到更深的深度。它不是文丘里那种纯粹的象征式的讨论。事实上所有的建筑都可以被阅读，但只有后现代主义者将这种阅读和感知简化为一个象征游戏。我们的建筑的复杂性不但作用于建筑可见的层面，同时也作用于不可见的层面比如结构、功能。从这个角度来看，我们与现代主义者的深度联系得更紧密而不是仅仅在表皮与符号上做游戏。举例来说，密斯的建筑在达到了反个性和普遍性的极致后出现了一种新的状态。作为巨大的充满差异的宇宙的一个特例，我们发现密斯建筑所呈现的系统性的力量可以通过某种模式呈指数般扩张。这种扩张模式是浮现式的而不仅仅是延伸式的。

这不是另一种折中主义式的祈求,而是把现代主义引入一片新的未曾发现的领域。这是一种只有通过建筑才能发展出的批判立场。使用特定的问题作为起点,怎样通过对形式的操纵产生多样性?怎样在结构上产生丰富性?怎样在功能上制造多样性?这就是本书的内容。

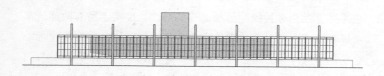

这有可能是密斯·凡·德·罗最有问题的框架结构设计项目,曼海姆市必须接受这样一个大尺度——在一个大盒子里包含了一个剧院——无法调和的并鲨暴露出这一模式的局限。

曼海姆国家大剧院

前 言

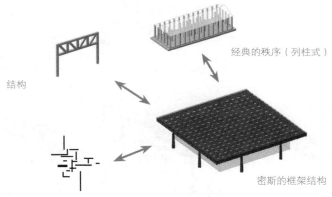

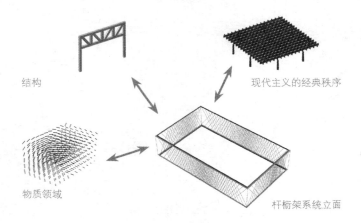

密斯的平衡与当代的平衡

前言

桁架：
简化为结构

华伦式桁架：
介于结构与形式之间

造型桁架：
简化为形式

介于结构和形式之间

限制

我们会认识到排除的原则是非常简单的,这不等于说它是原始的。排除的原则否认反方的价值。而牺牲的原则则承认并且事实上暗示了多样性价值的存在。它承认被牺牲掉的东西的价值,尽管它必须服从于其他更重要的价值。

——E·H·贡布里希爵士(Sir E.H.Gombrich),"规范与形式"

贡布里希写于1966年的论文"规范与形式"对于我们来说是一个富有启发性的工具。它指引我们穿梭于对密斯的经典的解决建筑问题的模式的迷恋和对解决矛盾性与竞争性需求的渴望。贡布里奇首先声明确实存在经典的解决问题的方式。举例来说,当对称受到质疑后,绘画中关于平衡与对称的矛盾的解决方式是通过"对两方面要求相互妥协的方式获得的"。[6]这种妥协被认为是经典的,那是因为它是那样的完美以至于你无法改进它,只能重复它。像一方的偏移就会威胁到整个作品的正确性和秩序性。从这个角度来看,经典的解决模式确实是技术上的而不是心理学上的成就。

经典被贡布里希称为"规范",它作为一个"本体让我们以它为中心点在不同的距离上构思其他的作品"[7]。艺术史学家区分出不同的这样的谱系将它们称为经典主义。那些仅仅在形态上有一定区别的被称为他们的分支。只有当某种区别是通过对某一标准的呼应和背离,也就是说它既回应了人类的目的也回应了人类

建筑就像大海或金钱:它处于物质和事件的中间状态。
它是一个调整器。

的手段时,这种区别才具有——用博学者乔治·贝特森(Ceogory Bateson)的话——"产生差异的差异"[8]。

这里存在着一个矛盾。人们可以认为绘画是一种稳定性很强的艺术门类。除了解读与实践上的变化发展,任何单独的绘画作品在形式与功能上都保持相对的不变,而对于建筑来说,不断变化的需求和使用或是被建筑包容,或是被建筑抵制。但正是这种不稳定的在建筑上的临时的栖息本身驱动着整个建筑学不断的探索着新的可能。它不断地要求建筑去强调新的问题。尽管这些问题从未获得过最终的结论,但他们作为一个具有启发性的工具将建筑引向创新。

对我们来说,最有意思的地方是不朽的经典模式的规范与建筑在强调不断进化的需求时所产生的新模式之间的过渡地带。标准范例这个问题从某种意义上讲与差异的问题相关联。具体地说,当某种标准模式被不断地改进,它与原来的模式的距离越来越远,以至于最后由程度上的差异发展为种类上的差异。这种终极式的改进,在保守的建筑师与批评家看来产生了一个不幸的副作用,那就是一旦改进发展到了极致而固化为一种新的模式,它就会要求建立一种新的秩序从而关闭了其他的创造可能。

实际上,它们以一种被贡布里希称为排除式的法则运作。这是一种减缩的运作模式,无论是在它们的评论中还是在他们的宣言里,都体现了这种模式。在排除主义中,被排除的特殊性不再参与,而是被从整体中剔除掉。举例来说,在功能主义中,任何被认为与装饰有关的元素都被系统性地删除。[9]

我们认为规范正如它所通常被理解的那样，作为基本要求和必要条件，是不断变化的。它们随着时间发展，产生，变化，最后被新的规范取代。规范的极度改进会产生从前没有的需求。创造性可能在一段时间内沉寂直到它被拖入到社会领域中形成一种互动的环境。这样看来，创造力实际上塑造了规范（详见"第44节发明"）。

建筑的解决方式从来都无法被彻底的归类。在功能主义的建筑中即使去除所有的装饰元素也始终存在着装饰成分。这其实类似于贡布里希所称为的牺牲模式：相互矛盾的需求通过强调和转化被逐渐的整理出来，开放更多的可能性作为装饰性的功能。牺牲的原则是"承认并且事实上暗示了多样性价值的存在。它承认被牺牲掉的东西的价值，即使它必须服从于其他更重要的价值。"[10]

建筑建成后存在和使用的时间经常超越建筑设计时所考虑的范围，然而这里存在着一个建筑基本形式的布置体系，它可以间接的处理那些始终伴随着建筑的临时性使用问题。二者之间的关系最多是一个概率问题，就像不断变化的办公室家具的布置与市场力量之间的关系。我们认为建筑不会被简单地退化为围合与被围合的问题。在建筑的生命中与我们每日生活的品质中存在着一种动态的交互关系。

雷泽 & 梅本
萨加蓬纳克（Sagaponoc）住宅，
萨加蓬纳克，纽约，2002 年

几何

1
细化

现实中几乎所有的建筑都不会只由一种模式、一个表皮或一种材料的逻辑构成。建筑通常处理的问题是多种模式，多种表皮或多种材料的结合。建筑一般来说不是一个连续的、单一的物体而是由不同的组成部分和在不同尺度上的不同组织模式所构成的。现代主义建筑试图通过其不同的形式挑战这一现象，但它所基于的理性的建造逻辑使得现代主义建筑的整体性无非是建筑不同组成部分之和。

于是问题变成了怎样处理或运作不同的组织结构和元素，使它们不仅仅是不同元素的堆积，而是一种存于可自我发展的组织模式中的多样性。在这样的多样性中，整体将大于局部之和。而对于细化问题的正确理解和操作对于追寻这种多样性是至关重要的。

细化是本书关于技术堆积问题的称呼。它是对建筑在不同层面不同尺度上的检查。细化打碎了建筑总体肌理的问题，而把这一问题转化为不断细化的局部，这样建筑在关注细部的同时可以保持整体上的连续性。细化问题可以通过不同密度的海绵块来反映：如果海绵的表面太细腻，它就会像一个简单的均质立方体；如果海绵太粗糙，它就会被纤维割裂成一个个不连续的局部。好的建筑应该恰到好处地平衡在粗糙与细腻之间，即材料的几何性质（比如说立方体）和材料的力学性质（比如说纤维结构）之间。

几何

太光滑　　　　　　正好　　　　　　太粗糙

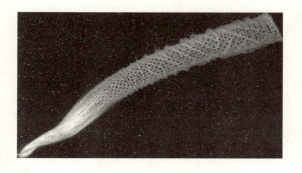

上　海绵的密度
下　玻璃海绵：欧氏偕老同穴（一种海绵动物），
　　也被称做维纳斯花篮

2
种类上的差异与程度上的差异

我们可以说古典建筑就像一盘国际象棋。根据吉尔斯·德勒兹(Gilles Deleuze)关于国际象棋和围棋的对比[11],建筑的秩序就像国际象棋的棋子:它们有明确的、固定的特征以及一系列由这些特征所决定的移动方式。国际象棋本质上是符号化的。任何对于已经预先规定好的行棋方式的改变都是一种背离的问题,因为在这样一个系统中,差异只能通过已经规定好的模式和种类相关联。这种背离的手法被限制在改进或畸变的领域。它所制造的结果便是原作的手法主义版本或是巴洛克版本。

与此相反,我们的作品是以一种围棋的方式来运作,其中每一个元素如果脱离了它所处的环境就没有天生的固定意义。围棋中在棋盘上的一个空格或一个棋子与另一个空格或棋子没有不同。意义是从我们在每一个项目的特定的环境中所探寻的特别的行为和效果中所获得的。举例来说一个网状结构的每一根拉索所形成的像柱子一样的结构区域,它既是结构的同时也是有装饰效果的。对于古典主义者来说,一根柱子就是一根柱子而不是其他任何东西。古典主义所采用的柱子与柱子之间的填充装饰相互替换的序列,在我们的建筑中变成了一个连续的时疏时密的拉索区域，密的地方起到了结构上柱子的作用，出现了少许柱子的特征。这一区域逐渐脱离了原本作为装饰网的作用而起到了结构的作用。在这样的模式中，结构与装饰没有明显的区别，因为两者都没有独自占据一个明确划分的区域。

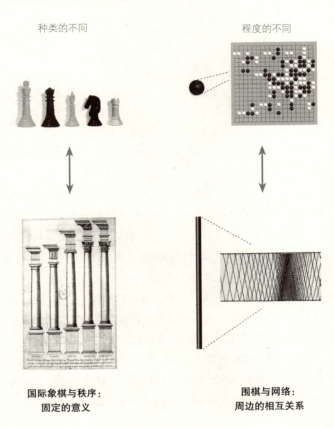

国际象棋与秩序：
固定的意义

围棋与网络：
周边的相互关系

3
未形式化的广谱性:形式寻求内容

> 你必须明白,要是你能让那些不干净的构成与主题相适应时,那么之后它所有的部分都获得了完美的协调时,你将得到更多的满足。我就曾经把墙上的云状污迹改变成许多美丽的新事物,尽管这些形状的任意一部分都不是完美的,但它们的姿态和动势却并不缺乏完美。
> ——莱奥纳多·达·芬奇(Leonardo Da Vinci, Precetti)

莱奥纳多·达·芬奇对于污迹的使用依赖于将已知的内容与尺度投射到未形式化的领域,一种描绘可见的功能与构成的手法。污迹中并不存在这与其相关联的内容。实际上使用这一方法更多不同的功能与构成可以投射到或从同一个污迹中浮现出来。于是,污迹代表了一种具有广谱性的特定形式,它既是普遍的同时也是特定的。具体来说,尽管污迹可以接受许多不同的内容,功能与构成的投射,污迹本身确实是具有高度差异性的特体,而正是它自身的特异性具体地指导着投射在其上的内容。

这是一个精确的模糊式图解。它不仅预示了总体的构成方式,同时也预示了具体精确的细节。与那些单一的只能影响一种内容的图解相比,模糊式图解同时能影响多种内容,既包含数量方面的也包含质量方面的。这样的图解可以让不同层面的工作同时发生,从最普遍的到最具体的。他们占据着抽象与具体之间的空间。像达芬奇一样,我们也从中间开始,将具体的内容投射到图解式的领域。

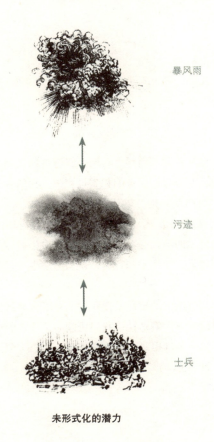

暴风雨

污迹

士兵

未形式化的潜力

4

相似与差异

你不可能得到没有差异的相似,当然你也不可能得到没有相似的差异。

——克洛德·列维·施特劳斯（Claude Levi-Strauss）

在相似与差异的问题上有两个普遍性的发展，它们之间并不相互排斥。在差异的简单的积累过程中，相似性可以从差异中浮现出来，同样差异也可以从相似性中浮现出来。吉尔斯·德勒兹和费利克斯·瓜塔里曾经指出赛马比起耕地的马要更近似于赛犬，而耕地的马比起赛马要更近似于耕牛。尽管马与犬和牛看上去差别很大，但赛马和赛犬，耕马与耕牛在行动上具有更大的相似性。

在形式与组织的层面上，我们放弃了分离的概念。这一概念在当下可以理解为特殊性。我们更倾向于连续的概念，将分离的元素理解为一个自相似结构中的一部分。它们尽管看上去很相似，但它们在行动上却很不同。

几何

5
多样性（差异）与变化（自相似性）

数量是细腻度的前提条件。
在多种模式下的重复是进行选择的必要条件。
在一种模式下的重复是产生差异的必要条件。
差异或差异的可能性的产生是对某一项目的回答。

仅仅有数量只能产生量化的质量。而稠密的数量则可以产生一个无法拆减为局部的整体：用另一句话形容，整体与整体的关系。

重复的逻辑，就像统计的逻辑，或是信息的逻辑，可以被运用却不用考虑它的内容。这正是埃德加—爱伦·坡（Edgar-Allan Poe）关于构成理论的关键所在。[12]（见"叠句"）

在这种方法中最有意思的地方可以从纹样中找到。当纹样被加入信息时（不是语义），纹样就成为整个图案中最核心的质量。它形成了一个有趣的系统，在这一系统中不同性质的重复成为这个组织结构中处理不同素材的手段。

就像一根头发不足以形成一个发型一样，建筑中的一个元素永远无法展现组织结构的丰富性，除非更多的数量参与其中。

几何

"量有它自己的质。"
——约瑟夫·斯大林(Joseph Stalin)

雷泽 & 梅本
流体空间装置,戈拉兹
奥地利,2002 年

6
局部与整体的关系

无论是整体的方案构想还是某个特别的细节,现代主义建筑在方法上和建筑上都体现了一种由上至下的层级关系。我们并不拒绝层级,但我们以一种新的方式来使用它。我们所运用的层级并不限制在某个尺度,或是上下级之间有明确的划分的层级。我们所使用的组织原则是它能够促进不同尺度之间的互动从而使特别之处能够影响到整体,反之亦然。

这就需要一种工作方法能够融合由上至下和由下至上的层级逻辑并以一种相互回馈的方式运作(这样层级就不再是一种权力结构而是一种素材组织)。这样的工作方法,与现代主义的缩减模式相比,能够激发出新的组织方式和新的建筑效果。它的整体性无法拆解成不同的局部。从这种组织模式中不再有整体与局部的关系而是整体与整体的关系。

几 何

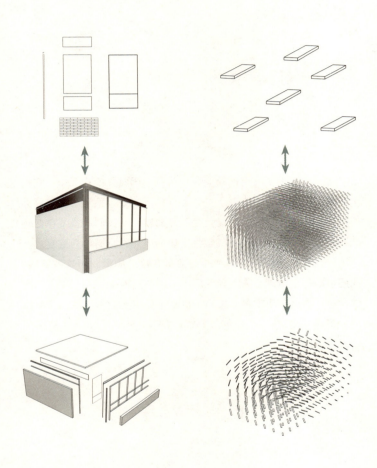

左 简单的嵌入式层级：整体可以简化为局部
右 复杂层级：整体大于局部之和

7
拼贴之后:广谱性的两种情况

　　为了追求关于宇宙的新概念,我们采用两种模式工作。它们不再是现代主义建筑中对于一个不变单元的简单重复。我们放弃使用拼贴的并置技巧,它仅仅是差异的堆积。我们设置了在变化的路径上排列不变的单元或是将变化的单元进行简单的重复。在这两种情况中变化成为一种通过数量获得的质量。用这种方法,我们可以将宇宙理解为差异无所不在的空间而不是一个固定不变的背景。在这个宇宙中,差异不再是个体单元的本质特性,而是一种集体的变化。这正是曼纽尔·德兰达所称为的"进行式的变化"。[13]

单一与多样的复制

仅仅是不同的堆积

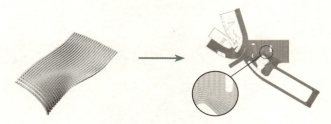

简单的单元在可变的路径上重复

可变的单元在简单的路径上重复

上 建筑的拼贴
中 铺砖的纹理
下 可变的三连拱

雷泽 & 梅本
爱宾博物馆竞赛提案
纽约,纽约州

8
连贯性与非连贯性

内部连贯的系统在本质上与拼贴的系统不同。为了说明这一点，我们可以用收音机做一个例子。不管是把它的零件都压缩在一个很小的盒子里还是把它们散播到一个广大的区域，只要它们之间的连线没有被剪断，它就依然能够接收到广播信号，它就依然是一个收音机。这是因为收音机依赖于一种内在的逻辑工作。它并不依赖于尺度上的变化而是广播信号。它保持着一种系统性的一致。但拼贴不是以这样的方式运作的。拼贴作为一种技巧依赖于从周围环境中跳出来的个体元素。它本质上是一种并置。仅仅拼贴收音机的零件是不能接收到广播的。

但这并不是说拼贴缺乏系统性。实际上拼贴为了实现建造性必须表现为一系列建筑构成单元如立柱、墙体等的集合。拼贴建筑的建构并不是拼贴而是包含了许多子系统，这些系统可以在其他的建筑中发现。

几何 69

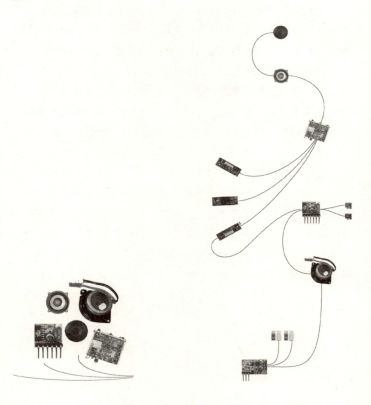

左 收音机的组成部分,以碎片的方式排布
右 广播的组成部分,以一个连贯的系统排布

即使是在最不连贯的建筑中也存在着连贯的建筑系统。建筑的形式动机与这些系统的关系可以用灵活的表皮结构,例如异形钢框架,将极端不连贯的体量包裹起来,也可以是一种中间层次,例如盖里自宅,整体组织结构上的拼贴被建造的系统模数化。

当两种不同的但各自连贯的系统结合到一起时,另一种过程发生了。一个系统会逐渐带上另一个系统的印记并渐渐产生出第三个连贯的系统。这正是波尔多住宅的情况,建筑系统和结构系统被混合成一种生活服务系统。德勒兹和费利克斯·瓜塔里给的例子是黄蜂和兰花。我们可以说黄蜂的身体结构是基于兰花的特点,同样也可以反过来说兰花的花头形式是基于黄蜂的身体结构。尽管黄蜂和兰花是完全不同的物种,但一个却影响着另一个的演化。黄蜂给兰花授粉,但黄蜂真正的行为目的却完全不在于此,授粉只是另一个不相关行动的副产品。[14] 这是一个很深奥的无关联性效果的例子。建筑系统并不是人类之间的关系。它更近似于大自然,是非个人的。但栖居在这种无关联性的影响下不断演进。

几何　　　　　　　　　　　　　　　　71

上　迈克尔·洛汤迪和罗·特（Michael Rotondi/RoTo），多蓝山住宅
中　弗兰克·盖里和 FOGA，盖里住宅
下　雷姆·库哈斯和 OMA，波德克斯住宅

雷泽 & 梅本
西岸规划竞赛提案
纽约,纽约州,1999 年

9
关于差异的一种新理解

当看了很多种树后,我们发现它们中的一些在结构特征上有相似性并由此构成了一种属。这些属中的每一棵树都与其他的树不同。但这些不同与它们在本质上的相似性相比较仅仅是一种偶然罢了。

——贡布里希爵士,《标准与形式》

如果说理想主义者对于差异的理解是一种对先验模式的偏离,那么实在论主义者对差异的理解则是一系列意外事件,就像一筐桃子中不同的红色。如果你购买1000片瓷砖或是1000个机器生产的定制茶杯,你就可以发现这种差异性。

桑福特·昆特在关于怎样解读人脸的表情的案例中引入了差异的第三种概念。[15] 微笑并不是一张没有表情的脸的局部偏离,而是整张脸的全部介入。我们既不是以一种标准主义者的视角把这张脸看成一张完全特殊,与其他脸完全没有关联的脸,也不认为它是与本质相对立的偶然性的一种表达。

几 何

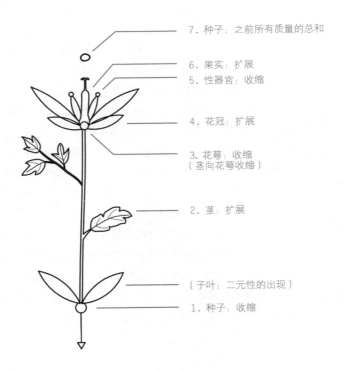

**歌德的植物本质：
以潜力的方式形容特征的本质**

观察差异作为一种类比进入社会领域的现象具有启发意义。大规模定制生产在较大的建设中要比在那些孤立的与其他系列不兼容的个体单元中更容易成功。

在后者的情况中，它们的差异和整体之间只存在一种抽象的联系。而当你在一个整体领域中观察差异的时候，差异并不是孤立的，而是作为一种无法被拆分成局部的整体存在着。这是它们的抽象状态，但如何运用它们才是更关键的课题。假设差异可以在任何尺度上被使用，我们会发现存在着一个限度。超越了这个限度，差异就无法辨识了。在微观尺度上，差异仅仅表现为一种装饰性的肌理，而在极其大的尺度上，差异由于无法被体察到而变得没有意义。举例来说，在高速公路的连接处设置连续性的变化是件很荒谬的事。只有在中间尺度上——一种存在大量的互动接受的空间中——差异的存在才合理且具有意义。

这种差异的概念可以在一系列的尺度上被应用，从非常小到非常大。恰当地运用连续性的变化包括提取分子的数量，把它们结合成大的族聚，从而使静态的变化在一定的数量级上被感知和观察。通过这样的方式，它成为一个活的数据空间。

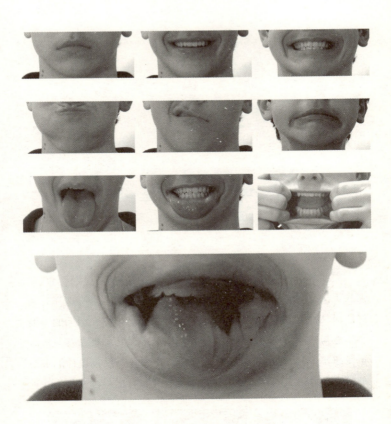

一个 10 岁男孩的嘴

10
选择与分类

除了防止实在论主义者的思考模式外,德勒兹关于虚拟现实的思考是以与类型学模式的思考紧密关联的限制为基础的。在这种思考模式中,个体的形成是通过创造分类以及制造分类成员的形式标准产生的。
——曼纽尔·德兰达,《密集科学与虚拟哲学》

类型学在物质事件中扮演着一个重要的角色。它让我们在今天几乎没有限制的可能性中做出对建筑组织形式的清晰选择。通过选择某种类型模式,我们可以像现代主义者那样在原始的类型和功能与结构的要求之间建立起关联。我们认为类型学甚至扩展了曼纽尔·德兰达对德勒兹的分析。类型学不仅在设计的最终结果中作为分类的方式非常有用,而且在设计的过程中作为一种

积云

层云

卷云

云的种类

基本手段也极具价值。

这需要对每一种类型的灵活性与变化可能进行再评估。事实上正是在这种模式中,而不是超越式的模式中,类型超越了自身。让-尼古拉斯-路易斯·杜兰德(Jean-Nicolas-Louis Durand)认为类型是根据各自的公用特性按一定的数目提取的经典元素的结合方式。与他的概念相比较,我们在使用类型上允许一系列的选择而不固定一种模式。在没有预先排除可变性和细节的前提下,我们通过选定某些参数来限定我们用来工作的类型。

类型的选择于是成为由种类大致设定的,在一定范围内的限制的过程。德兰达称之为"描述性的限制"。以假设哪些方面某种类型不能做或不会作为基础,他们打开了对哪些方面某种类型必须做或会做的限制。"不是要做什么,而是防止做什么。"[16] 类型学于是更多的是关于对限制的材料的表达过程的基础,而不仅仅是分类与编码。选择是一个生长性的元素,一个由各种对建筑有影响的力所构成的域的元素。一旦这一人工构筑物形成了,另一种以具体行为表现为基础的选择过程随之出现——那就是在建筑中发生的活动与行为。这些特性的划分是"基于它们对于发生在它们身上的事件的回应。"[17] 这种选择更多的是要建立误差值和趋势而不是分类。

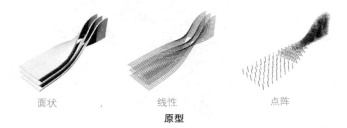

面状　　　　　　　线性　　　　　　　点阵

原型

全面控制操作：
实例研究——从原型发展设计

　　这座网状结构的人行天桥的复杂形式是对一个平面原型的简单操作结果。从平面开始，首先它被卷成一个圆筒。再从圆筒顶部切开一条裂缝，并将侧翼沿这条裂缝向下展开。尽管平面的形式被展现出来，但它仅仅还是一个表面，一个没有厚度、没有尺度、没有特征的原型。这正是我们在"细化"中讨论的要点，也正是这一点让我们的建筑实践区别于那些仅仅关注几何操作的建筑师。我们认为这是一个分界点，在这一点上尺度、材质与几何形体开始结合。这要求

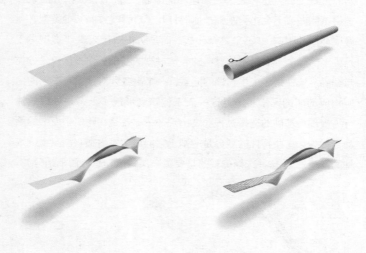

三角形拓扑结构过街天桥

几　何

我们不仅仅只考虑几何原型，同时还要思考在另一个层面上存在或嵌入的几何形体，它们对于最终建筑的实现是必须的。德勒兹把这称为"类推式调制器。"[18] 因此仅仅停留在对原型的操作而获得的几何形体是不够的，而突破几何的原型需要处理那些嵌入在原型上的更细化的组织肌理，它们使几何与物质之间的联系成为可能，并逐步清晰可见。但是这一过程并不一定导致一种实体结果而很可能产生多种实体结局。

在我们的实例中，平面原型被发展成沿着面延伸的网状结构。一旦网状结构被确立，最终的实体结果可以携带一系列材质，每一种材质都可以根据自身的特性与主要的几何形体相呼应。

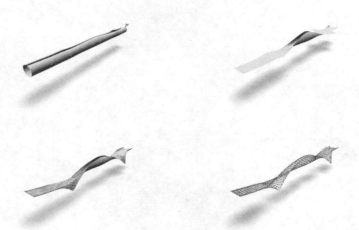

物　质

11
密度与广度

如果我们把一个物体均等的分成两部分，我们最终会得到两个体量，每一个都是原来体量的一半。密度属性与此不同，比如温度、压力，它们是不能被分割的。

——曼纽尔·德兰达，《密集科学与虚拟哲学》

我们对建筑设计最重要的变革是将设计概念由用几何形体作为对材料建造的抽象限定，转化为将物质与材料的特性暗示到几何形体之中。在旧的模式中，几何形体拥有统治性的地位，它们位于非理性的偶然的物质形态之上，于是测量、比例以及所有关于广度的元素相对于它们所限定的密度的元素拥有优先权。新的模式不再将广度优先于密度，而是两种属性的积极互动。

密度的差异也可以理解为程度，它们是物质无法分割的差异，例如重量、弹性、压力、温度、密度、颜色和耐久度。任何密度特性被分开，被分开的部分都维持相同的特性。换句话说，把一壶烧开的水分成两半，水的温度却没有任何改变。与此不同广度特性是可以被分割的属性，例如测量、限制、编码、模数、体积、容量和次数。一壶水被分成两半，每一部分的体积只有原来的一半。

物　质

 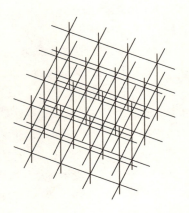

左　密度的差异：程度领域
右　广度的差异：尺规系统

我们也不能落入把广度属性归为量,把密度属性归为质的陷阱。事实上,广度仅仅是关于量的,而密度由于天生与材料相关联,它既是质的也是量的。当然,诗人可以说下午 5 点钟有一个绝对的密度,正如艺术家可以说人类的某些密度属性与黄金分割相关。在以上两个例子中,尽管密度属性被贴上了数字的标签,但实际上这些数字是与它们所在的语境和素材相关的。在第一个实例中,数字不仅仅是时间数,而是一天当中的一个时刻,它具有质的维度。而在第二个例子中,即便不求助于遗传系统,我们也能立刻指出比例作为质而存在的效果。

密度与广度的联系通常暗藏于少数的艺术和手工艺实践中,在某些专门的建筑设计形式中也可以发现,例如中世纪的石工技艺中。但它并不适用于所有建筑的经济性,而只适合于某些特殊的建筑产品。19 世纪的技术和机械化生产让这样的实践在建筑的尺度上更加边缘化,因为它不能适用于现代化的两个最主要的进程:系统化和标准化。更重要的是,在哲学的层面上它不符合理性主义的本质概念,即建筑并不受制于它的肌理而是它的组织系统。

实在论主义者关于建筑的理解是理性(主要存在于几何形体的轮廓中)高于物质。它排除了通过物质来定义或影响几何的丰富的可能性。解放这一创造上的原动力是至关重要的,不仅仅体现在建筑新材料运用的领域上,同时也体现在对建构和组织的再思考上。

盆栽：密度的创造，广度的限制

密度与广度

如果一个物质的数量被分成相等的两部分,每一部分将有原来同样的质和一半的量。

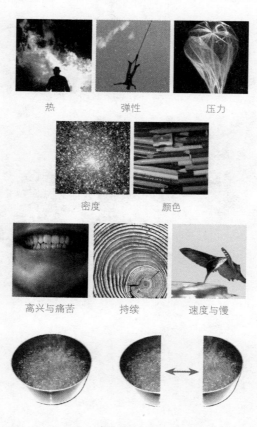

热　　　　弹性　　　　压力

密度　　　颜色

高兴与痛苦　　持续　　速度与慢

**密度（程度）：
物质的行为,无法被分割的差异**

物 质

两个广度的属性可以简单地相加,密度属性却无法相加,而是平均。
曼纽尔-德兰达,《密集科学和虚拟哲学》

测量	限制	编码与法规
模块	体量	重量
总体空间	时间	移动

广度:
测量的系统,可以分割的差异

12

几何与物质

> 他的熟练工人,僧侣石匠加林·德·特洛伊斯(Garin de Troyes)谈论过关于移动的一种控制逻辑,它决定了第一下落在何处,接着砍掉刺向空间的体量,让剪切的线沿着均衡的方向前进。它并不表现,而是产生并穿越。这种科学的特征不是方程式的抽象性而是不同角色之间的交互关系。它们不是要用理想的纯粹的形式来组织物质,它们是材料产生的推力,是最适宜的质量的微积分。皇家的,国家的科学只能容忍和欣赏通过标准模式(与现实相对的)刻出的石头。它们要重塑固定的模式的优先权以及数学和测量的主导地位。皇家科学只能容忍透视图的、静止的,而像黑洞那样的物质则可以剥离这种束缚,重新启发它们流动的能力。
>
> ——德勒兹与费利克斯·瓜达里,《千座高原》

对广度与密度的差异的把握建立起物质主义者建筑理论的主旨与界限。在什么程度上一个模式被使用,在什么一个阶段和哪里它转换为另一种模式是今日艺术所面临的问题。广度模式定义了界限,但它没有生发性。相反没有广度模式提供的限定性而纯粹是差异性的模式是永远不能满足对于动态的建筑的明确的定义

物 质

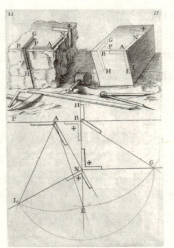

方格放大测绘法利用了编码的
限制和转化的系统。

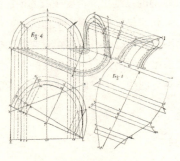

这种投影图是一种创造性的工具。

需要。游牧科学的逻辑认同物质领域的创造性能力并能够驾驭密度上的多样性。历史上，这已经是通过设计的过程发现未知领域的引擎。与之相反，模板化的编码系统，甚至通常的建筑图纸例如平面，立面或剖面都是一种自我限制的技巧。游牧与国家式的几何与建筑设计中的几何的两种互补角色相关联——密度与广度。一个认为几何是生发性的工具，一个则为几何是在尺规空间中限定物质的方式。例如在设计图纸中，形式为了统一交流的需要被转化成坐标体系，即使坐标体系并不能成为生发性的工具。这一过程要追溯的建筑的制图规范上。平面，剖面，和立面图最早是考古学上用来测量古代遗迹的方法，直到后来它才成为描绘未存在事物（如即将建造的建筑）的工具。[19]

从物质的密度差异的领域中发展出来的几何形体可以被创造性的运用。这些关于程度的领域可以被理解为跨尺度的和灵活的，但要想在建筑的范畴上操作它们就需要通过与广度模式建立联系而将其精确的尺度化。密度领域的创造性趋势和广度领域中的编码式趋势并非仅仅是按次序工作的。就像建筑图纸依照具有创造性的草图，它们之间一定存在着交互的过程。广度元素形成限制，就像山墙一样制约着密度空间的创造性力量。尽管这些限制本身并不具有创造性，但他们通过对功能的限制让创新成为可能。

物 质

梅索奈(Meissonier)建筑中的极端的表面与空间是从融化金属的过程中获得的,一种洛可可似的空间。他用贝壳似的日常装饰取代了经典建筑的规范。

上 蒂森·梅索奈的金属器皿
下 金属器皿上的签名,
上面写着"I·A·梅索奈制造,建筑师"

13

平均的愚蠢

> 首先我们要考虑这样一个事实：正是因为道德质量的本性，他们被不足或过剩毁灭。
>
> ——亚里士多德，《尼各马其伦理学》(Aristotle, Nicomachian Ethics)

由于各种各样的原因，建筑与工程学继承了平均的天性，就像亚里士多德的伦理学所形容的美德。在我们的作品中，我们用平均情况或均数替代对太快或太慢，太小或太大的观察。事实上，或许两种极端条件拥有一起工作并产生新的可能的方法。确实，考虑材料的建筑需要一种动态的平衡，它不是平均而是平衡。这里有一种零度实在论，就像现代主义建筑的实在论，在亚里士多德关于平均的概念中：首先，事物可以拥有太大或太小的属性，第二这里有一种美德要占据平均。平均在人类的品行中首先被认可，然后当物质被赋予人格化后它渐渐进入物质领域。这就像魔法一样，古典主义理论的延伸和宇宙论产生了联系，或者说世界-建筑，在其中人类占据了特权位置，这是一个清晰的类比。比例系统与秩序建立在平均的基础之上，这一基础也正是古典建筑的基础。它们的目的是建立人类与宇宙之间富有魔力的联系。但是作为一种抽象的事物，这些比例系统和他们象征的事物之间却有非常遥远的距离。禁锢于这些想法，建筑变得对身边的事物视而不见。

物 质

亚里士多德的平均概念			
	过多 ↔	平均 ↔	不足
	"不合适"	"合适"	"不合适"
动作的范围			
恐惧和自信	轻率	勇气	怯懦
高兴和痛苦	放肆	温和	迟钝
次要的获得与支出	挥霍	慷慨	小气
主要的获得与支出	粗俗	宏大	琐碎
次要的荣誉与耻辱	无益	慷慨	胆小
主要的荣誉与耻辱	野心	适当的野心	没有野心
愤怒	易怒	耐心	不关心
自我表达	吹嘘	真实	低估
谈话	滑稽可笑的举动	正确的举动	粗野的举动
社会行为	谄媚	友谊	暴躁
耻辱	害羞	谦虚	无耻
愤慨	嫉妒	公正的愤慨	恶毒的享受

在平衡的状态下操作			
	常规 ↔	平均 ↔	常规
	简单	复杂	简单
动作的范围			
恐惧和自信	轻率	轻率的怯懦	怯懦
高兴和痛苦	放肆	放肆的温和	迟钝
次要的获得与支出	挥霍	挥霍的小气	小气
主要的获得与支出	粗俗	琐碎的宏大	琐碎
次要的荣誉与耻辱	无益	无益的胆小	胆小
主要的荣誉与耻辱	野心	有野心的没有野心	没有野心
愤怒	易怒	易怒的耐心	不关心
自我表达	吹嘘	低估的吹嘘	低估
谈话	滑稽可笑的举动	粗野的正确举动	粗野的举动
社会行为	谄媚	谄媚的暴躁	暴躁
耻辱	害羞	无耻的害羞	无耻
愤慨	嫉妒	愤慨的嫉妒	恶毒的享受

平衡的状态并非亚里士多德所指的平均，在平衡的状态下操作可以将极端结合在一起，它并不试图通过削弱过分与不足的极端来达到平衡，而是追寻一种它们之间动态的张力。如果第一张表代表了经典的英雄主义的实质（或者缺乏），第二张表代表了现代概念的反英雄主义，在这里相互矛盾的属性可以在同一个事物中共存。

上　英雄主义
下　反英雄主义

14
古典形体与非个性的个性化

　　与其依赖于类比和比例,将形体纳入测量与抽象几何的范畴,我们的作品的目的是将形体的定义升级到有机体或是有机体的经验领域。事实上,原来的那种抽象模式还是不够抽象化。因此我们的作品不是关于现象学的观点,而是建筑的组织原则。它将建筑理解为一个美丽的躯体,或是几个躯体的集合,它们能够跨越一系列不同的尺度和材料体系。尽管现象学也可以解释这些作品的某些特殊情况,但具体的经验和现象并不能直接拿来作为创造的工具。建筑的组织逻辑和现象学之间并不存在着直接的联系。事实上,所有的建筑都可以按现象学的方式理解。因此它导致的结果是现象学的建筑普遍都堕入到现代主义的形式中以获得组织空间的方式。因此这种现象学建筑实践是无法迈向新的建筑的,它只能投向已经存在的体系。

　　现象学建筑最重要的主张之一就是回到人类自身,或者更精确的说是实证主义和现代主义非人性的建筑效果的解毒剂。我们关注的是发现那些与人类前景相关联,但总体上并不产生表面效果的某些概念,而不是人文化的广泛洗礼是否有效地遏制了非人性。我们质疑古典模式的人文主义与人类的行为之间是否存在联系。我们同意人文主义从来就没有足够的人性化并使人感到亲近。建筑不应该追求与人类躯体的类似,而应该更多的关心人类身体所产生的行为效果。认为将人类的身体作为建筑的肌理就能使建筑人性化的观点是错误的。就像认为身体是宇宙的肌理一样荒谬。

事实上为了处理运动和变化而让建筑变得以人类为中心有很多的限制。当建筑师通过对身体升华的表现而不是身体自身进行设计时,建筑获得了躯体的形象或比例。这样的建筑实践类似于福特工厂生产汽车。通过对运动的分析获得了一个外壳,这一外壳随之转化为建筑或基础设施。就在你将建筑的外壳和身体的外壳画上等号的一瞬间,这种实践的逻辑随之宣告失败。

人类中心论是表现式的,它在运用到身体的尺度时是最受限制的。我们更倾向于建筑参与到身体到底可以做什么。例如一个滑板的坡道并非与人类身体的肌理相一致。相反它是一种干预技术,属于另一种完全不同的秩序的肌理的,在此之上人类的身体进行着工作。坡道扩展了身体,它是身体通过滑板这一装置的延伸,但它并没有表现身体。

这种行为表演上的延伸属于更大的一种单一性,它被称为非个性的个性化。就像落日或一天之中的某个时间,这一质密的特别的条件是从物质世界中浮现出来的。它们有多种指向它们的意义,但它们并不是意义的产品。建筑是属于这一类的个性化。它既高度特别,同时又非常的开放和普通。

雷泽 & 梅本
国会图书馆竞赛提案
关西，日本，1996 年

15

物质的组织

　　密斯以理想的几何形式对物质进行的限制是以实在论主义的概念为基础的;那就是物质是没有形式的而几何则用来规定它们,几何是先验的并且在某种程度上不以使其具体化的物质为转移。

　　当从这种实在论主义概念的束缚中解放出来,物质证明了其具有组织自身的能力。就像一台模拟计算机,它可以进行优化计算并且可以在不同尺度上运用。例如拉伸的长筒袜可以用来计算全尺度的膜结构的几何与形式。

　　这种逻辑甚至可以被运用到更加复杂的情况中。例如一个铁磁流体在磁力,重力以及表面张力的动态平衡状态下,物质伴随着其自身的限制与温和比任何可预见的几何形体或是某种优化原则变得更加动态与丰富。它变成了一种模式,不仅可以用来处理结构,同时在进行建筑设计时也可以处理不同利益之间的互动,如功能、使用、组织和形式。

物 质

密斯的实在论:
物质作为几何的一个意外

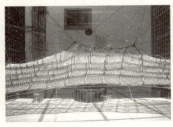

简单的优化:
物质作为电脑的一种类比

物质与力直接的索引:
在多重立场作用下的物质表现

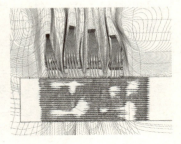

微梯度的水园:
物质图示的具体化

16

物质与力的关系

逐渐浮现的物质与力的关系的谱系可以由简单到复杂进行分类。在最简单的情况下,力隐藏在梁与柱的搭接中。通过凸肚柱,隐藏在梁与柱构造之间的力被反映出来。但是这样的表达从来没有超出过局部构件的范畴,它只是语义上的一种暗示,仅仅是力的符号。

皮尔·路易吉·内尔维(Pier Luigi Nervi)在1951年设计完成了位于罗马的盖蒂毛纺厂。在用肋状物支撑的混凝土板中,物质与力的关系通过楼板中的均衡分布的线条表达了在平均荷载下的支撑的楼板。[20] 作为工程师,奈尔维将物质材料放到了理论上力通过的地方,从而表达出一种理想的状况。这是一次自我完成式的预言,因为力沿着物质的轨迹传递。如果奈尔维以另一种方式分解楼板,那么力将通过新的路径传递。尽管这一设计是以结构优化的逻辑为前提的,奈尔维的设计实际上是建筑的,它是一次意愿的实践、一种对静力学问题的解决方式。

但是奈尔维没有意愿进一步超越建造专业的界限而将其拓展到组织与功能的层面上去。实际上现代主义工程师对于结构效率的不断优化的执着限制了这种可能。从结构,到功能,到效果,我们在建筑元素的各个层面探求物质与力的相互渗透和穿越。

物 质

柱和梁：
力隐藏在组合中

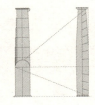

凸肚柱：
力在分离单元中的表达

沿着均线分布的肋状物支撑的混凝土板：
力在分离区域中的表达

华夫式肋状物支撑的混凝土板：
力穿越了结构、空间、功能的系统

物质与力的谱系

17
从静态到振荡模式
（并再循环往复）

从嵌入式的层级关系跳出的过程包含着增进曾经分离的结构和装饰领域的交流互动。这一过程可以通过对结构，结构之间的填充，以及装饰物三者关系的检查来表述（见图示，第94至95页）。现代主义者们将不同的领域进行了清晰明确的划分。结构与结构之间的填充物是分离的实体，结构承担着定义填充物范围的责任。在结构与填充物初期的交互过程中，有限的变动在结构与填充物仍然分离但开始相互影响的状态下发展。结构不再定义但影响着填充物的区域。在进一步发展的过程中，更加强烈的变动导致了一种逐渐呈现的单一性或构成单元不能被拆分的特征。

最后，在新现代主义那里，尺度与强度的界限被打破。这之后变化显得过于的细微而繁琐以至于因为我们体察不出其中的变化而呈现出一种单一性。那些白噪点包含了一种高度的同质性，例如结构玻璃，在它的身上结构与填充物相似到完全一样无法再区别的程度。这是一种抽象的综合性，就像辩论。它并不需要在材质上的试验，而只需要外在的逻辑。与此相对，结构与填充物之间交互的发展过程中体现了一种平衡的瞬间。这种变化的瞬间只有在物质领域的瞬间才有可能获得。

从静态到振荡模式（并再循环往复）

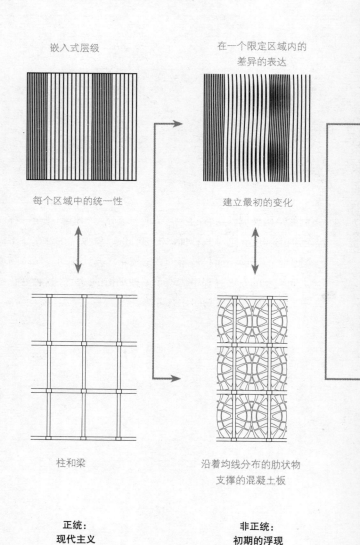

物　质

穿越区域和层级的互动　　　　　　　白噪点

变化产生的一体性　　　　　　　过分的差异产生了相似性

华夫式肋状物支撑的　　　　　　　结构玻璃
混凝土板

　　　浮现　　　　　　　　　　　正统：
　　　　　　　　　　　　　　　新现代主义

18

在平衡的状态中操作

最有创造力的建构方式可以在两种优化形式的中间状态中发现。例如,在一个极端我们可能会遇到一个经典的现代主义填充结构,结构与填充以及结构与装饰的关系被清晰的表达。这里,结构被标准化和效率指导,划定和限定什么在两者之间。在另一个极端,这一辩证关系在物质层面和语言层面被完全综合了。过度优化的科技通过消除问题来解决问题,它把早期现代主义对建筑的雄心推进到了"几乎没有任何东西"的程度。在变得太平滑之后,差异被完全抹去,建筑成为一个总体同质的物体。这种模式实际上失去了质量。

中间状态占据了动态平衡的一个瞬间,不同的系统在优化的过程中,结构与装饰通过程度上的改变展现出了某种一体性。其结果是结构与装饰的过渡不再像前两种模式那样独立或生硬。中间状态的实质存在于它与周围环境之间的效果中,功能之间的交互中以及它所围合的空间内相互移动的渠道中。与此相反,类似于结构玻璃的系统创造了一个彻底的同质性的空间效果。它唯一的逻辑在于用最小的材料差异来抵抗结构的力。

物 质

嵌入式层级…	过程中…	单一的层级

连贯的，线性的 正统系统	连贯的、非线性的 非正统系统	连贯的、线性的 正统系统

左　填充结构
中　杆桁架系统
右　结构玻璃

19
在联合关系中的平衡

对于一个纯净结构外壳的希望，一种根据飞行器的需要而优化的状态，变成了一个对于建筑的限制因素。当结构和外壳的矛盾被解决得天衣无缝的时候，建筑失去了潜力。在航空技术中，三角网格结构无论在几何上还是在结构上都反映了从骨架结构模式（从造船技术中衍生出来的结构）到纯粹的结构表皮模式的转变。这一技术最终的解决方式是壳体结构，但我们发现在三角网结构的状态下，事物呈现出更强大的结构变化与适应能力。而壳体表面，与之相反，只在一个单一的方向上进行了优化—结构的经济性。

物 质　　　　　　　　　　　　　111

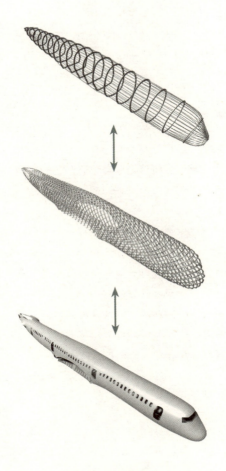

上　形势和线框
中　三角形拓扑结构的瞬间
下　壳体建造

20

叠句

一个杰出的建筑需要首先考虑对于历史和叙述的效果。

我想,在建构故事的通常模式中有一个基本错误。历史或者承担一个主题——或者故事被某天的一个意外事件所暗示……我更喜欢从思考某种影响开始。让原创性总是显而易见——因为他对于他自己是一个错误。他冒险摒弃了一个这样明显而且这样容易引起兴趣的资源——从一开始我就对自己说"那些不可计数的效果,或者印象,对于心灵,智力(或者更普遍的)灵魂,哪一个我应该在现在的场合中选择呢?"

——埃德加·爱伦·波,《关于构成》

其次,建立复杂的重复。

如同普遍别使用的叠句,或者重复句,不但具有固定的韵脚,而且通过单音的力量表达出某种气势——它们既是声音的也是思想的。愉快从个性的意识中演绎出来——重复。我决定多样化的表达,并且通过对单音的坚持,大量地加强这个效果。同时我持续不断地变化思想:也就是说,我已经决定通过对叠句变化的运用,继续制造新鲜的效果——但叠句自身总体上保持不变。

——埃德加·爱伦·波,《关于构成》

埃德加·爱伦·坡关于构成的讨论以情绪、节奏或者叠句开始,然后再逐渐加入叙述。事实上,为了产生某个音调效果,来自于"乌鸦""从不"的叠句比乌鸦更早的进入诗歌。叙述只是到最后才逐渐加入。连续的变化出现在同一性质的叠句中也是让某种效果产生持续性的方法。同样的声音通过因调的改变产生不同的思想。"从不"像是一个零和一个一,在客观上它没有任何意义,只是在不同的叙述中的重复阅读。它是投射到它上面的带着不同情感的某种音调或强度的表达,包括幽默。"从不"是图示的迁移。

正如在西格蒙德·弗洛伊德(Sigmund Freud)的噩梦账户中,或者在打闹剧中的滑稽的重复中,叙述的内容是矛盾的唐突的;事实上它可能非常的平庸。其实是速度或者是它的重复的缓慢导致了恐惧或者是好笑。

21
系统之间的交换

一个系统性的生态是建立在结构、效果、装饰和功能的交换关系中。与把建筑的形式和感情特点看作纯粹的个人感受的20世纪的表现主义相比,我们把表现看成是物质和材料系统的适当的非个人的容量,人类在此有意识的参与但并不是唯一的决定因素。实际上,建筑师不是一个已经确定的系统的被动观察者,也不是被动的物质的独断操控者,而是一个逐渐展开过程的经营者。

例如,改变烟筒在杆榀架系统中的位置,杆榀架外表面的压力区域也随之变化。这个变化的结果是双倍的:第一是与"表皮"的密度相关的周边区域的变化效果,以及随之产生的在空间内部的隔断和活荷载(例如,人和家具)位置的变化。

物 质

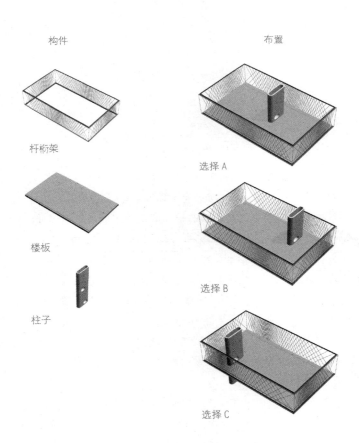

杆桁架系统密度的变化与内部空间的支撑和功能相呼应：结构、功能、效果之间的互动

22

密度与广度 II

汽车发动机的组件是如何在广度和密度两方面来满足一系列的要求呢?从理论上说,如果有无限的空间可以延伸,发动机的零件可以开发成由互相连接的独立的实体组成的不断延伸的网格系统。但是,这是脱离现实的,遥不可及的抽象的概念。鉴于,一方面由于汽车外形非常实际的限制(广度限制),另一方面推进系统中机械、化学和电子元件必不可少的邻近性(密度限制),于是产生了一个折中的组装,例如,发动机必须在有限的空间内容纳和集成所有的功能和影响。为了这样做,发动机在汽缸和转动曲柄轴附近被紧紧地浇铸在一起,周围缠绕着大量系统的悬挂装置和附件。发动机自始至终在一个高度定义的体壳的限定中成长。

同样的关系也出现在建筑领域中。在一个纯粹的广度的模型中,压缩将只是导致一个组织系统尺度大小的简单缩放以及坐标和坐标系的收缩。而在一个密度的模型中,当尺度变化后,事物的运作和比例产生了新的关系。

物 质

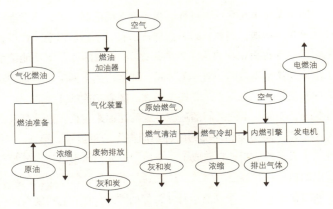

一个内燃引擎的过程图示

材料的人工制品

密度：引擎

如果反过来观察这一过程,当密度上的限制放松,广度上的控制就相应增加。例如,因为信息技术丧失了物质形态(悖谬的是它通过变得更密而丧失了物质形态),典型的办公室功能结束了由原先技术支持的一对一的关系,即在占用空间上,装备和功能同时迫使工作地点表达它能做什么。随着功能的非物质化,硬件收缩,功能和空间之间的适应性变的比原来宽松。这就打开了关于工作空间功能和环境的两种不同概念的可能性。第一,一个现代主义者的推断,它变成了一个适用于非物质形态技术的没有特点的白色箱状容器。第二,认识到一个新的,彻底不同的环境空间的存在—— 一个功能运行非常好的空间,尽管它可能与商业无关,但事实上会扩展它。

物 质

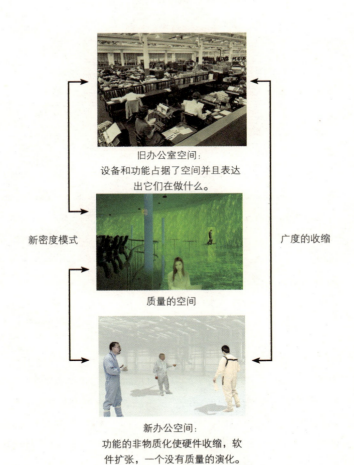

旧办公室空间:
设备和功能占据了空间并且表达出它们在做什么。

新密度模式

质量的空间

广度的收缩

新办公空间:
功能的非物质化使硬件收缩,软件扩张,一个没有质量的演化。

广度:办公空间

23

机械属

    吉尔斯·德勒兹和费利克斯·瓜塔里建议把类似于物理系统的机械化解决方案的抽象的集合称作"机械属"。它如同云、火花、河流，甚至生物的系统种类史的联系一样多样化。机械属可以作为当内部和外部压力达到临界标准时非线性的物质和能量流如何同时产生类似机械装置的术语。实质上它可以归结为几个抽象的机械系统。用简短的话说，存在着一个机械属适用于所有不同的活着的和没有活着的进化谱系。

——曼纽尔·德兰达,《无机生活》

    德勒兹和费利克斯·瓜塔里的机械属描写了同样被工程师罗伯特·勒·卢卡莱斯（Robert Le Ricolais）的统一体理论所研究的非嵌入式等级。卢卡莱斯建议物质、材料、建造系统、结构体系、空间和地点组成一个连续的范围而不是孤立的领域。这种理解提供了一个组织力和它们作用的模型，这个模型在不同尺度和体系中可以互动交流，反射呼应。[21]

    卢卡莱斯对柱体塌陷的研究是这个模型在运行中的特定的例子。超越一个纯粹由几何学产生的结构，卢卡莱斯对由正在塌陷

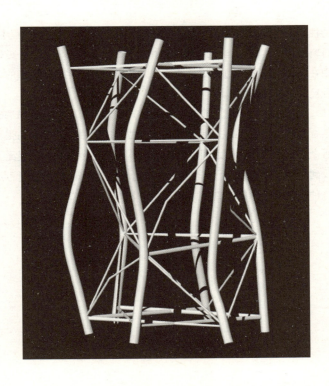

卢卡莱斯的自动成型的管状系统

的柱体的变形结果所产生的新几何学产生了兴趣。在这一过程中，材料的行为在新结构形式的产生中起到了积极的作用。此外，作用在模型组件上的力是图示性的，因此它们可以在整个模型的各种尺度上任意缩放。[22]

如同密度和广度之间的逻辑关系，或者质量力学逻辑和编码系统之间的关系，建筑师不可避免的被创造和限制两极中的张力所牵连。在两极张力之间流动的潜能不可避免地在众多的层面上找到它们的表达方式，从非人性的建造事物到建筑物的使用特点。这种蓬勃发展的机械储蓄被图示的催化剂开发。

物 质

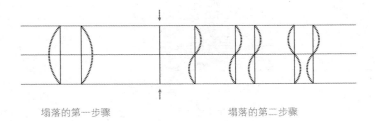

塌落的第一步骤　　　　　　　　塌落的第二步骤

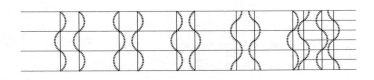

塌落的第三步骤　　　　　　　　塌落的美丽

塌落的美丽：
源自卢卡莱斯的自动成型的管状系统的试验

24
图示

简而言之,作用在一个系统中的力由于质量,距离或磁力的作用而发生不同的变化的现象是经常发生的。在我们平衡的公式中,总体尺度保持不变,但是相对价值随尺度改变而改变。这就是"相似性原理",或者称之为动态的相似性,它和它的作用后果是至关重要的。在一大把物质的凝结里,毛细现象、化学亲和性、电离性都是有效的;在太阳系重力法则是最高的;在星云最神秘的区域,重力的增长可能或许是微不足道的……尺度的影响不仅取决于物体本身,而且与其周围的环境和媒介都有关系;它与物体的"自然位置",它所处领域在宇宙中的作用力和反作用力场保持一致。

——达西·汤普森(D'arcy Thompson),《关于量》

我们必须建立物质组织在宏观层面上的模型以便用于预测和追踪它们行为的变化。于是,在微观层面上一个类似的联系也必须建立。物质行为的宏观组织可以运用在较小的尺度上,但是调整是必须的,因为系统在一个更广或更密的模型里会变得无效。例如,一个飞机模型不能完全按尺度缩小并且运行,因为空气流

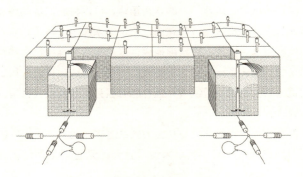

上　根据某一区域确定水流的表面
下　缩小景观的尺度：
电阻器和晶体管的仿真设施和水流阻力

和升力的行为在较小尺度上与在较大的尺度上是不一致的。因为这个原因，可以运行的飞机模型必须根据尺度系数对机翼进行变形处理。这一系数是由被称做雷诺数（Reynold）的非尺度参数决定的。

这个20世纪60年代由电阻器和晶体管模拟水流的装置是一个用较小尺度的类似模型模拟较大尺度的物体的例子。首先，为了制作水流模拟装置，科学家们在每平方英里的间隔上用水泵测试计算水量和水流的平均数值。在电场中，这些数值由电阻器和晶体管代表。物质在一个尺度的行为允许科学家在另一个尺度中去预测。

物质行为的在尺度上的缩放推论对建筑有深远的启示。

这些推论的媒介是图示，图示提供了一个抽象模型的物质性。这样的图示能够从任何尺度的动力学系统中得到。对某一个动力学（温度、压力、风速等）的紧密跟踪，可以将它们从其源头的物质材料中抽象出来制成梯度图。一个关系图示产生了，它不含任何尺度属性。或者，更精确地说，这个图示是等待尺度和物质来填充的一个关系场。这个有弹性但也精确的图示可以应用到诸如建筑等的其他物质系统中并且有能力在只对建筑设计特定的方面影响这些系统。

表现总是把它的含义与其源头联系起来，而一个跨尺度的图示则与原点无关；对于图示来说最重要的是它们是如何被具体化的。

物 质

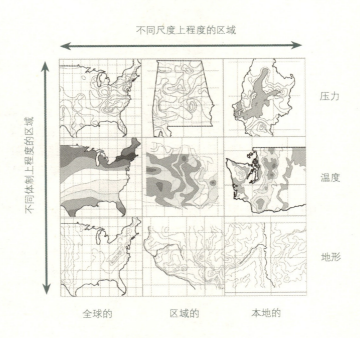

跨越体制与尺度的区域

25

图示的运用

在不同尺度使用相同的图示会产生完全不同的效果。在大尺度上使用的图示——城市和社区的尺度或者在小尺度上使用的图示——衣服的尺度被使用到中等尺度,建筑上则会变得激进而冒险。在这一尺度上,它们抵制传统建筑的组织和构造。这些在尺度上的跨越是最难操作的,但如果调整成功,回报也将是最大的。

常规的和无趣的　　　非常规的和有趣的　　　常规的和无趣的

物 质

在衣服和家具的尺度上,形式看上去很自然。

人的尺度

大于家具的尺度但小于房间的尺度

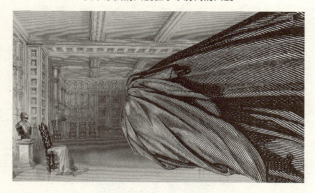

在中等的尺度(室内的尺度)上,形式在家具和分割之间飘忽不定。

大于房间的尺度而小于建筑的尺度

形式接近于小景观尺度特征,但是冒着尺寸的风险。在一尺度上,市政设施网络可以与非游牧化的形式互动。

大于建筑而小于城市的尺度

在这一尺度上,形式开始与建筑类型疏远,而更与城市的网络尺度接近。它是城市的自然/人工地理。

在景观的尺度上,形式再次回到自然的属性。

在这一尺度上,形式与网络系统又回到了常规的关系:就像出现在衣服和岩石上褶皱。

26
细化与宏观尺度

在他的论文"关于正确的尺寸"中,因在极端条件下进行自我实验而出名的马克思主义的遗传学家和生物学家 J·B·S·霍德恩(J. B. S. Haldane),系统地阐述了为什么不可能把一个小动物用线性的方式放大成一个大动物,反之亦然。骨头在自重的作用下会塌陷,表皮压力不能支撑从小尺度变成大尺度的转化。同样地,在建筑学中,物质图示的内在的可伸缩性不能与物质行为的可伸缩性直接相关联。例如露滴的形态和特性只能在某种特定的材料和尺度中形成。在其他的尺度上用其他的材料模拟露滴的形态结构将失去露滴的特性。哈兰德指出,在当重力超出了表面压力时,生物学中有同样的问题:"一个苍蝇掉到井里至少不会受伤,然而当一个苍蝇被水或其他液体弄湿却是一个严峻的问题。"[23] 设想行为的可伸缩性与图示的可伸缩性直接相关是一个逻辑的谬论,这个谬论会产生一个形式笨重的模型。

当一个图示——无论是现代主义的笛卡儿几何学或者物质行为的几何学——超越了被它投影到的物质,其结果将变得表现化。无论何时物质被升华到几何学时,物质失去了质量——并且被减少到它最为基本的属性。一个微观过程的尺度重定,例如表面压

物　质

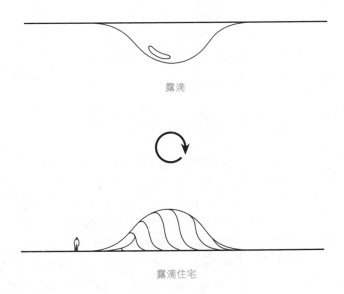

露滴

露滴住宅

力，或者一个宏观过程的尺度重定，如旋风，将不可避免地被认为是一个放大了的露水滴或者迷你版的积雨云。

当起控制作用的程序算法由于软件的惯性变得如此僵化，以至于它使同样的表达在项目的所有层面上出现，并使建筑师丧失了自我判断力。这种情况下，这样的错误会变得更为显著。

我们认为尺度不是把事物在尺寸上放大或缩小的工具，而是把物质与力的真实关系从一个尺度转换到另一个尺度。

27

在联合领域中的细化

在尺度两极上,同一个物体中的不同的组织模式间的协作产生了新的可能性。航空业的联合领域提供了这样一个例子。在这个联合领域中,冶金工业的创新、空气动力学行为的模型和激光制造已经开启了航空设计的一个新时代。工程师越来越清楚地认识到仅仅通过对整体形式的简单操作所带来的回报变得越来越小。大尺度上的设计要与小尺度上的设计进行结合,加速设计与减速设计同步思考。在飞机金属表面制造几百万个有激光切孔的技术使飞机的低速飞行性能有了彻底的提高,以至于飞机飞行时的表现达到了违反直觉和违反自然的程度。这种能够在失速边缘,奇特而不稳定的状态下显著提高操作性的能力就像纤维上的可以减少泳衣水阻的裂隙一样,启发了建筑学上的一个相似的可能性,它考虑到独立但又互相依存的尺度和组织体系的结合。这样一个模式也有助于我们理解和表述同时占据一个空间的全球化和地域化的悖论。

物 质 137

微观尺度上的组织自影响性能的同时,并未影响形式。

在机翼上,激光切割的微孔显著地提高了机翼的性能。

上　泳衣材料上的密纹
左下　材料微观上的处理
右下　微观性能提高

28

跨学科交流

科学不总是跨学科交流的根源；有时跨学科交流是反向的。例如，亨利·柏格森（Henri Bergson）的哲学著作预测了伯恩哈德·里曼（Bernhard Riemann）的数学著作。理论物理学家李·斯莫林（Lee Smolin）给出了晶体三角顶盖结构，这个结构引导了他发现张量微积分以及之后的重力物理学。[24] 无一定尺寸限制的结构现在作为细胞膜的模型。我们在建筑学的思维方式可能真的会影响理解宇宙的方法。[25]

这开启了建筑学在其他学科内发展的机会。建筑学总是作为其他学科有缺陷的表现，例如，基于电影和文学的对建筑的详尽挖掘。但是就像在电影学科中存在着对电影导演有用的模型一样，在建筑学科中也存在着对建筑师有用的模型。

这暗示了同样的概念模型可以在不同的学科中进行转移。根据这些学科内在的条件和限制的不同，它们被赋予实质的内容。

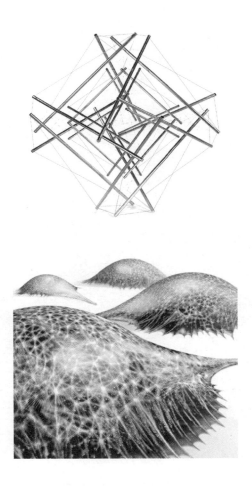

上　结构上无一定尺寸限制的结构
下　生物上无一定尺寸限制的结构

雷泽 & 梅本
西岸规划竞赛提案
纽约,纽约州,1999 年

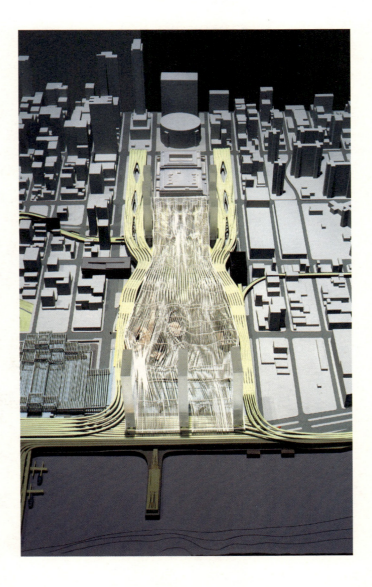

跨学科交流

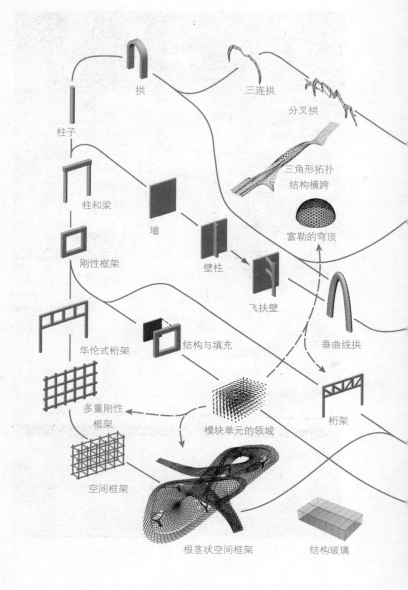

物 质

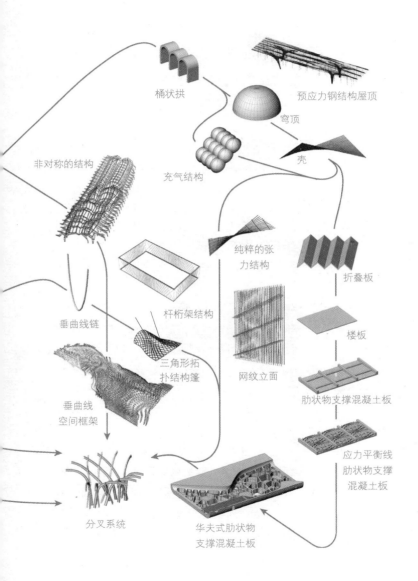

29
新的空间结构可能性:
三角形拓扑几何学的实例研究

当前对于在建筑学和规划学领域中取得形式上和功能上的多样性策略的讨论经历了对迄今为止已经被丢弃的现代主义乌托邦的废物堆的空间模型和技术的重新评估。这些现代主义的系统被认为与极权主义的空间意识的结构相关联。它试图产生一种均质的和统一的建筑语言。

随着新的组织模式,变化的几何学概念、几何学与物质的关系和新的宇宙空间概念的产生,使对建构空间的现代主义模型的重新评估以及对这个系统的执行与推广成为可能。非重复的拓扑系统,不规则的碎片型几何,分支系统和非结构的栅格体系在新的几何学领域中被广泛的使用。

三角形拓扑几何学及其结构系统是我们探索的方向之一。这种结构体系被富勒(Fuller)和他的同事作为建筑学和城市主义者的万能药而推广流行,它经常在临时的集贸市场结构或军用设施中使用,通常是穹顶形式。富勒的三角形网架结构体系早已实现,它不再仅仅作为一种乌托邦的设想。但是具有讽刺意味的是,历史却不幸地忽视了一个原来在描述形态学和航空学领域中更开放

物质　　　　　　　　　　　　　　　　　　　145

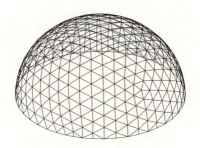

理想主义者对于三角形拓扑结构的使用（富勒对于三角形拓扑结构使用的特例）始终坚持两件事：一个半球形的构成理想化的整体几何形式和所有模块单元的自相似性。结果是：一种极度的排他性和单一性，甚至连一个门也很难融入于其中。

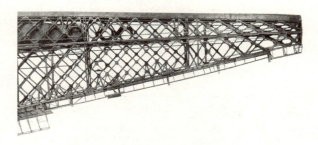

这一三角形拓扑结构体系以两种方式进行变化：向一端缩小使规律的网状结构向翼的一端逐渐压缩，但同时又严格地保持了三角形拓扑结构的几何属性，而局部的分叉使网状在机翼的勾边和股边将几何形状围合。

上　实在论主义者三角形拓扑结构的图示：富勒的穹顶
下　变化的三角形拓扑结构：威灵顿轰炸机的机翼

的可能性。

三角形拓扑几何学由英国工程师巴那·沃利斯（Barnes Wallis）勋爵开创。最早用于 R-100 飞艇和稍后的维克斯·韦尔斯利（Vickers Wellesley）飞艇，它最著名的应用是威灵顿（Wellington）轰炸机。[26] 三角形拓扑几何学源于希腊术语中的测地学（Geodesis），一根想象中的地理线按直线路径模拟地球的曲率。三角形拓扑几何学的特性就是沿着可能的最近的路线传递所有的荷载，由此制造出一个十字交叉型的自我稳定部件群，在杆件的交叉点上，来之不同方向的荷载被杆件上各截面的应力自动平衡。这导致了一个很轻并且很强的结构。它的耐久性部分归因于它具有很高的结构冗余性：假如这个结构中的某个部分损毁了，压力可以按新的路线被传递到剩余杆件中。因此，我们可以说与其他大多数的传统空间结构系统不同，三角形拓扑结构体系在结构上是弥散的和非必须的。

作为一种航空科技，三角形拓扑结构体系代表了一个特例——一个从趋向建造预应力表皮的主流技术中派生出来的一个短命的支流。尽管三角形拓扑结构体系是一个能够满足飞行器复杂特点的万能系统，但它因为内在的复杂性而在成本上无法被接受。实际上，按照这一结构体系生产的飞机变成了高度手工艺的物体，它们需要特别的钢模子和手压模具来制造机翼。

然而在一个建筑的语境中，对那些可以通过灵活性产生复杂性的结构系统的渴求使三角形拓扑结构体系变得富有吸引力。作为一个系统，它有能力接受复杂的空间形式而不用相应的增加系统的复杂性。在三角形拓扑结构体系中,特定的几何图形,例如穹顶,并没有比其他不规则的空间体量更为理想。此外,非标准的设计和制造的出现已经排除了早期使用阶段中遇到的技术困难。

在对平滑的三角形拓扑结构体系的应用中,我们发现了许多特点和可能性。在历史上和实际运用中,三角形拓扑结构体系可以归结为两种整合系统:骨架模式(结构和表皮)和作为壳体结构的结构化表皮模式。然而经过更深入的观察,我们发现三角形拓扑结构体系既是结构的皮,也是结构的肉——一个可以把空间、功能和路径的多样化混合整合为一体的中间结构。而且三角形拓扑结构体系是变化多端的。作为一种结构体系,它有能力改变和适应空间变化的需要。它改变方式包括:通过变化网状物的细致和粗糙程度、通过延长和增加杆件或十字交叉型的数量,通过模仿传统结构的表面,或者是通过改变填充物的种类,程度或减少它的载荷。

空间的概念经历了一个重新的评估,它被理解为物质的领域。那曾经规则的,排他的空间系统被赋予了新的灵活性。例如,一个大跨度的空间不一定必须在功能、密度、特性或结构上保持同质。

30

物质及其环境

无论在实验上还是理论中,异物的消除已经成为自17世纪以来所有科技进步的真正基础,并且已经引导我们达到对原子层级以上的所有事物在原则上认识了解的地步。然而,迟早,科学进步将要用完那些可以在隔离状态中进行研究的问题领域。现在我们需要考虑系统更大的复杂性,找到处理像大自然一样复杂的系统的方法。艺术家长久以来对复杂事物进行了有意义的和能够沟通的陈述,即便这种陈述不是非常的精确。假如新的方法(它一定与美学有关)能够使科学家的研究转移到更复杂的领域,那么他们的兴趣点将更加接近于人性,由此人文和科学可能再次平稳地混合到一起。

——西里尔·斯担利·史密斯(Cyril Stanley Smith),《结构的寻找》

一个实在论主义的建筑师会从自然系统中,例如蜂房,抽象出一个完美的一成不变的六角形,他会认为一切与这个六边形不吻合的形体都是错误的或者是偶然的。我们认为那些存在的错误如同任何纯粹的几何学一样都有内在的系统性,它们是受环境或者系统内部影响的结果。

从自然系统的观点来看,纯粹的形式是一个抽象的概念,或者最多是在大范围的变化中的一个特殊例子。

物 质　　　　　　　　　　149

上　实在论主义的图示
下　具有一致性的真实晶体结构的点阵

31

提炼的系统与一体化的系统的比较

我想强调的仅仅是图案生成的过程与有机体发展的过程相似,它们都具有从局部空间细节逐步地展开的特点。在流体力学的例子中,我们看到一个初始平滑的液体流过一个障碍,通过一个打破对称的事件来给出一个空间的周期性的模式,然后接着的是一个从周期中得到的局部非线性细节的拟定。
——布瑞恩·古德温,引自曼纽尔·德兰达《密集科学与虚拟哲学》

正如曼纽尔·德兰达所描述的,最少行动的原则与三角形拓扑几何学有关联,这是因为三角形拓扑几何学被定义为跨域一个弧的最短的距离,这允许力通过最少量的物质进行最有效的转移。在逻辑上,三角形拓扑有两种衍生方式。第一种是通过提炼成几何学,如同R·布克明斯特·富勒(R.Buckminster Fuller)在他的三角形拓扑结构系统的穹顶中所做的设计那样。这是一个优化系统的方法。它排除了任何可能存在的系统中的偏离和偏向以及任何在系统中产生的新奇和表达、或是任何从系统外部包含进系统内部的物质。这产生了一个静态的三角形拓扑几何学的概念,因为它被预先注定并且无法摆脱地与单纯形式,即预先规定

木星上巨大的红色斑点

好的和优化的几何学连接起来。

而在这个逻辑中的另一种衍生方式承认：首先，这些几何学不需要在理想的无特异的空间中发展，而是被设想为充满差异的世界中的一张网。在这个模型中，质和量的区别是物质和空间内在的特点，这两点有着不可分割的关联。对建筑师来说最重要的是，这个模型允许在一个密度的系统中同时考虑很多层次的规则。在这里，最小的行动原则也影响着整个系统的发展。然而，与布克明斯特－富勒的优化方式不同，一个全新的极少主义概念出现了。

偏离了标准的几何单元并不被认为是工程学的失败或者是在这个模式下的非理性表达，事实上它代表了在这个系统中同时运行的不同的物质所形成的必然结果——一种秩序的应急模式——一种作用在不同物质尺度上的力的解决方案。于是几何学、材料和力在多种尺度上的动态互动的状态中，最小的行动原则也可以控制偏差。

对所有物质和材料的系统来说，它们都有以最低能量消耗维持自身的共同特点。因此，在材料层次上，无论是在后现代主义作品的外观上还是吊桥的悬臂上，力是同样的方式传递的。最重要的问题是如何在建筑学中建立这样的条件，一方面能量的消耗足够的小，另一方面能量之间的传递又足够大从而出现秩序的应急模式。这样的条件应该既不像吊桥的悬臂那样纯粹追求结构上的效率，也不应像后现代主义建筑的外观那样为了符号和形式被过度滥用材料。

物质

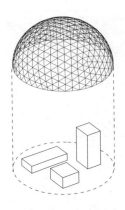

**广谱的三角形拓扑结构穹顶：
理想主义几何的图示**

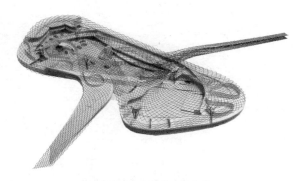

**变化的三角形拓扑空间结构：
几何形成了一种真实的物质领域**

一体化的类型

与仅仅是叠加式的建筑比较,一体化现象认为局部的差异是从相似单元的连续的区域变化中而来。因此,它是一个处理重复系统,例如空间框架的优秀模式。一个相关联的模式是包含／一体化模式。在这里,一个外部的组织模式被包含在系统中,但是与仅仅是并置的方式不同,它的存在就像水流中的一块石头,制造了一个局部的扰动的肌理。这种边界的组织模式迅速模拟了系统的组织模式并把它融合到整个系统中,于是即使这一外来的元素被除去,它在局部作为一个模数单元和在整体上作为一个反射的效果仍然会被保留。

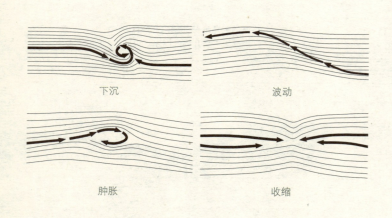

下沉　　　　　　　　　　　波动

肿胀　　　　　　　　　　　收缩

单方面的
在一个外来物周围的扰动的区域。

自动包含的
差异通过在局部上的密度转换而获得。

物 质　　　　　　　　　　　　　　　　　　　　　　　155

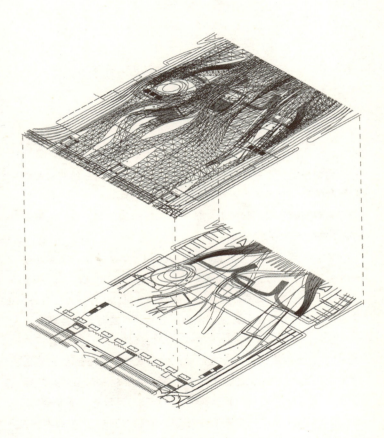

结构元素的标准区域建立的大跨度空间框架被包含在下面的功能(剧院，博物馆)所干扰。最终形成的结构流体的边界组织形式包含了大厅和公共空间。

32

精确与非精确,但是严格的

德勒兹定义了三种几何平面图形:精确的几何,他们与规则和严肃的科学有关系;不精确的几何,它们是一种意外或者可以理解为对精确几何形状的近似估计;非精确的几何,它们与模糊和游牧的思想有关联。

埃德蒙德·胡塞尔(Edmund Husserl)曾经谈及一个阐述模糊概念的原型几何,或者可以称之为,流浪的、游牧的、形态学的本体。这种本体既与那些感受上的事情不同,也与那些理想的、国家的、威严的本体相区别。原型几何学,以及与其相关联的一系列学科,本身都是模糊的,如同它们在词源学中的意思:"不清楚"。它既不是不精确的几何学,例如感觉上的事情,也不是精确的几何学,例如理想式的本体。它却是非精确的而且是严格的("本质上但不是意外上的不精确概念")。圆形是一个数学的、理性的、精确的本体,但是圆度则是一个模糊的但却流畅的本体,与圆形和圆形派生出来的事物(例如花瓶、轮子和太阳)都不同。一个数学上的图形是固定的本体,但是它的变形、扭曲、消融和增加,通过所有这些变量的参与,图形成为一个不固定的模糊的但是有严格的数据控制的本体,"镜片形状"、"伞形的"、或者"锯

物 质

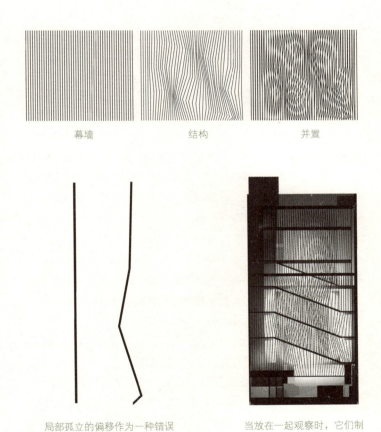

| 幕墙 | 结构 | 并置 |

局部孤立的偏移作为一种错误或意外出现。

当放在一起观察时，它们制造出另一种视觉效果。

立面发展过程，新当代美术馆

齿形的"。可以说，从这些事物中提取的模糊的本质决定它们超越了物体原来的属性，肉体上的甚至是精神上的。[27]

使非精确几何不同于其他的几何的原因是几何学被假设用于真实的空间中而不是抽象几何学所使用的理想的空间中。非精确几何是作用在物质上的力的结果，而精确和不精确几何只是相对于单纯几何模型的评估。在非精确几何中，物质/力的联系是精确的，由此它建立了自身的严密性，并与精确几何和仅仅是不准确的不精确几何相区别。非精确几何密切的与物质场相关联，物质场是力与能量强度的直接表达。例如，对于一根悬垂线，非精确几何把它看作是一个在物质上力的微积分而不把它看作既不是正确的（精确的）也不是不正确的（不精确）的抛物线。与将本质在含义上进行解读的不精确和精确的两分法不同，非精确几何暗示并且传递出它是基于强度和后续影响而不是含义进行本体解读的。

将非精确几何的行为理论化后，就出现了新的社会组织的问题，因为它不把自己延伸到固定的法律和条文中。一种流动状态违反所有的社会系统，后者相信必须在确定位置上建设确定的规范。非精确几何因此成为本质先于存在的纯粹几何学的偏移结果，它作为一个特殊的类型出现。它相信物质和物质所处的空间场是不可分开的。有趣的是经典的形式/物质的二元性在现代主义建筑中既作为基础的设计哲学概念同时也体现在设计进入社会领域的途径上。建筑形式与物质材料明确划分的二元性也明显地出现在建筑实施的劳动过程和建筑设计的概念之间的完全割裂上。这

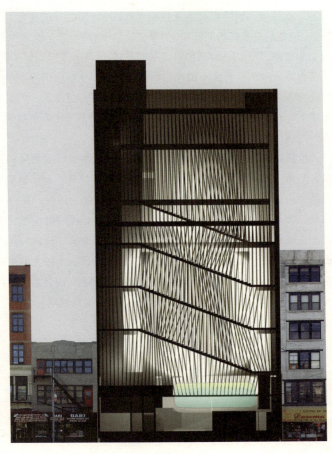

雷泽 & 梅本
新当代美术馆竞赛提案
纽约,纽约州,2003 年

并不令人惊讶,因为现代主义在超越形式/物质之外的理论上的缺乏,使他们对非精确的概念,如果必须存在的话,处于排斥状态。对于非精确,现代主义者,往积极方向理解,看作一个临时的恶魔,往消极方向理解,看成不道德的物质的实践。非精确引导物质的异化和改变,例如手工艺。这样的作品被认为是过度的:无论在形式上,结构上(装饰)以及经济上。传统手工艺在质和量两个方面都排斥标准化和均质化的。

虽然新的生产模式不能对它们的社会解放作用做太早的要求,但是它们还是增加了设计者的自由度,并且延伸到了他们的产品中去。实际上,设计过程的每个方面,包括材料的特性和效果,都是这个参数场的参与者。此外,这个新的组织模式不仅在它原来的物质场的尺度中运行,也可以迁移到不同的尺度和物质体系中去。事实上,对建筑学来说,它使得一个巨大的组织模型系统,无论在微观上还是宏观上都可以得到,而且它不仅可以作为建筑学表现方式,也可以作为建筑学的组织原则。

利摩日工厂的废品

在利摩日工厂生产的杯子上的差异即使并非是灾难性的,但也偏离了完美,这一观点给产品植入了一种意图,那就是完美的几何形绝不会包含任何的差异。在巴黎三星级餐厅如果发现这样的产品,他们会把它直接扔到垃圾箱,而我们会把它们找出来加以利用。

非精确

33

材料计算：悬垂线的例子

在几何学上关于平衡状态的讨论可以等同于在物质上关于平衡状态的讨论。这个讨论与数学和物理学历史发展的最小值和最大值问题有联系。对最小值和最大值原理的孤立理解体现在古人的著作中以及现代物理和微积分对物理问题的解决方法上，例如，当最小的能量被延伸到一个给定的行为，或者最小的路径被离子或波得到。事实上纯粹的最小值和纯粹的最大值在经济情况下是一起产生，例如在工程学当中用最少材料解决最大跨度的问题。变量的微积分是处理这样关系的数学的分支，这个方法由拉格朗日（Joseph-Louis Lagrange）发明。它用来发现包含任意数目变量的表达式所能产生的变化。这一方法适用于一个让所有或任意变量改变的变化。拉格朗日的解决方案是将变量的定义和相互影响归纳为微积分方程式，而我们则采用一个相反的程序，那就是首先将变量及其之间的相互关系建立成物理模型。我们用传统的"靴值"方式来使用微积分，它源于约瑟夫·普拉托（Joseph Plateau）在19世纪中期通过物理模型发现了肥皂泡膜结构的方法，这个物理模型提前包含了计算给定边界最小面积表面（直到1931年还没有被数学解开）的部分微分公式。事实上，物理实验被认

物 质   163

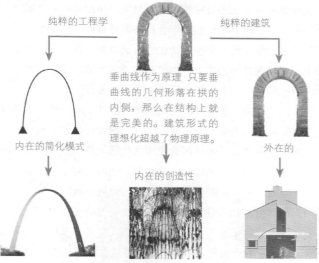

纯粹的工程学 ← 垂曲线作为原理 只要垂曲线的几何形落在拱的内侧，那么在结构上就是完美的。建筑形式的理想化超越了物理原理。 → 纯粹的建筑

内在的简化模式

内在的创造性

外在的

垂曲线作为材料 拱与它的原理相平衡：一种优化的逻辑，过度的简化。

高迪的重力领域 垂曲线的原理用来定义石拱。这种计算方式考虑到了最重要的力－可在尺度上缩放的重力。但是，它没有考虑到在尺度上无法缩放的物质内力。

拱作为标志

多围度联系的重力领域 建筑浮现出的形式超越了垂曲线原理的优化形式。

为是在那些变量众多且互相影响而且无法事前进行定义的情况下唯一可行的解决方案。相对于普拉特所处理的单一最小化的原则问题，我们要找到一个多元优化的解决方案。在这个意义上，物理模型的表现具有创造力。当模型的总的参数给定后，各个元素之间的互相影响产生了某些新的和不可预见的事情。[28]

多元优化的解决方案的定义的明确度并不弱于两极单一优化解决方案的定义的明确度：实际上，在两种环境中，同样的微积分方程都可以存在。是逆向的使用这些图示使多重性出现的机会产生。例如，是极小和极大的速度和时间的特性定义了旋轮线上的弧，但旋轮线上的弧，像图示一样，也可以被用来定义速度和时间，或者重量和质量，或者潜在的能量等等。当在优化的总体控制区间内，为了取得特定的效果而引入复杂的倒转、混合和变更时，图示反向理解所产生的可能性是最有创造性的。

我们对于灵活的系统的兴趣引导我们制作了一个与结构有关的类似体模型的实验：可移动的悬垂线模型。一个单一的悬垂线将仅显示重力负荷。为了记录更多的复杂的力，加入数量和在多维空间上的互相联系参数是必不可少的。三维悬垂线模型不但被重力影响而且也被垂线之间的互相关联的力所影响。

在我们的格拉茨（Graz）电影院的设计中，我们使用了在几何学中可以模仿多维力场作用的动画软件，希望模拟出足够精确地引力结构。然而，当我们把这个模型向我们的工程师展示的时候，他的建议是物理模型可能更加精确。

我们继续建造了一个与安东尼·高迪（Antoni Gaudi）为科

洛尼亚格尔（Colonia Guell）设计的模型十分相似的悬垂线模型。在这个模型里悬垂线和缆索被吊起来以确立穹顶的中心线。我们认识到这种发现形式的方法不仅可以在一个简单的重力场采纳，而且还可以被延伸到一个多维的力场，在这个力场中，力可以沿任何方向移动而不是只在重力方向移动。于是我们把几组链子紧密的挂起来以此来建立一个粗略的穹顶近似物。然后我们开始有条不紊地把那些悬垂线连接起来，它们在侧推力的影响下偏离垂直的重力场方向。有意思的是在某个数量和力的强度下，连接的悬垂线模型进入了一个与早前计算的模型完全相似的形式。但是，模仿式的模型与索引式的模型之间有本质的区别：索引式模型不仅有一个严格的结构逻辑的索引在发挥作用，而且在模型中一个真实的力场显示出了一种协调的优雅和美丽，这些是模拟式所缺少的。通过比较，模拟式模型显得不严格而且没有生命，像是今天我们看到的用同样的软件设计的不高雅的汽车车体。这个悬垂线模型是一个材料计算的例子，本质上它是自我计算，通过反馈作用在链与重力之间的连接场上的多维力来解决问题。它计算力的方式就如同多层次，多维度的微积分方程式的集合。

事实上，有一种针对所有目的和意图的结构分析软件可以模仿这个过程。然而，任何从事材料系统动力学研究的科学家都会告诉你，材料场总是比材料系统动力学使用的电脑程序能产生更多的和更异常的表达式。因此，在结构实验中总是有物理模型的地位。

雷泽 & 梅本
宝马公司活动和配送中心竞赛提案
慕尼黑，德国，2001 年

34

系统变成另外的系统

尽管我们的工程师使用了许多来自现代主义实践的结构系统,但令我们满意的是他们对这些结构系统的运用比起现代主义建筑师的应用范围要宽广得多,由此他们开启了这些系统的变化潜能。我们研究结构和类型学的模型,例如可以被伸展、弯曲的结构。我们也关注有关形式和组织的变化的可能性。这些研究的结果最终指向了接受系统,例如,空间框架体系如何通过一系列的中间步骤变化成另一种系统。它与系统的纯粹度的问题无关。有了这样可变化的模型,就可以考虑一个具有多样化结构的场所。它虽然变化丰富,但由于局部的构成法则的一致性,它能保持一种系统上的连续性。我们的建筑实践使这个研究成果成为建筑发展上的重要历史时刻,因为它把一个理论上的模式推进到了一个更广阔也更重要的领域中——实际应用。

我们位于慕尼黑的宝马项目的设计核心点是结构系统不再是一堆离散的部件而是一个可以进行分组的连续统一体。设计的初始条件要求空间框架系统的转化可以如同一片纤维被控制。一个可以弯折 45°的节点解决了这一问题,在此基础上我们可以对建筑的各个层面进行控制。非常明确的一点是尽管我们的建筑在跨

物 质

变化的区域

单向系统成为… ↔ 深度不同的双向系统成为… ↔ 深度相同的空间框架双向系统

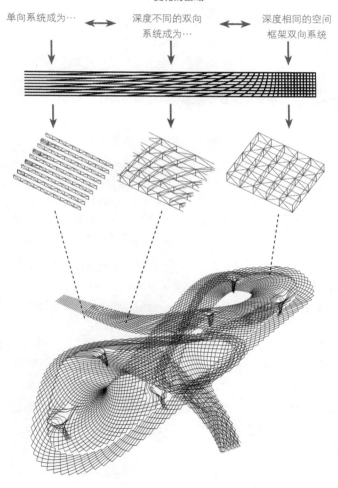

度上、深度上和边界的参数上都有丰富的变化，但整个建筑的空间结构体系保持了现代主义的纯粹度。那些原来只存在于大跨度结构中的纯粹性现在也可进入采用空间框架和双向杆件系统的较小的跨度区。例如，随着边界和跨度的收窄，双向结构的区域可以转化成为单向系统（为路面做的结构化弯曲）。由此看来，纯粹的系统从接受系统的角度来看只是纯粹度在变化的连续统一体中的某个瞬间。

尽管具有独特的结构特点，空间框架体系在传统上是与大型结构联系在一起的，而这些大型结构在其历史上又与单一功能的城市化项目有关（桥梁、体育场、火车站）。进一步来说，结构系统的传统角色只是建立跨度（或者高度）从而把空间围和起来。现在我们可以设想在一个新的连续变化的体系中开发空间框架的潜能并由此得到一种全新的结构。这一结构尽管在尺度上非常大，但它能够在其错综复杂的节点上去吸收和传播局部和整体的组织信息。虽然空间框架从技术上讲是精确的和巨大的，但它却没有造成结构的单一性也没有强制空间质量的普遍化。空间框架结构体系绝不是一个向全世界推销的没有任何差别的矩阵系统，它是对由不同差异所构成的世界的全部的深刻理解。

在真实的布的层面上—例如一件三宅一生（Issey Miyake）的衣服——新的质量流动于衣服的几何形状与附着于这个几何形上的物质的特性之间的互动中。布料被放在一个栅格上从经线和纬线方向用同样的压力进行编织，然后它被从栅格的框架上移走，制造出新鲜的褶皱。

35
后福特生产

运用变化的空间框架结构系统的结果之一是在结构中所有的元素——每一个节点、每一个支柱都是独特的,或者更准确地说是与周围的节点和支柱相似又不同。建造这样的系统需要一个非常不同的生产概念而不是现代主义的大批量生产模式。窄空间框架系统要考虑一整套由节点的固定角度、节点的直径和支柱的长度定义的设计参数。建造这些元件的任务是通过大批量的定做生产程序和使用一种复杂的信息传送追踪系统——它能够在正确的时间和地点递送独特的零件来实现的。

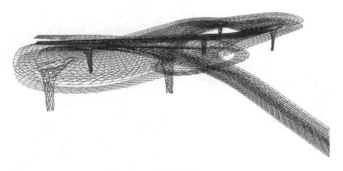

系统的发展

大量定制化生产的技术已经是一种很成熟的生产工艺了。大多数的建筑不是像电路板那样建造的，而是由一些重复的元件组成。我们这样认为：在大批量的定制化生产中，只有当定制的元件具有某种相似性时才有意义，它们决不应该是完全不同的元件。多样性只有在几千个零件组装在一起后才会释放出来。一个纯粹的量的积聚最终导致了质的丰富。

这正是建筑构件的大批量定制化生产与消费产品的大批量定制化产生的区别。消费产品的定制化是不同的产品在个体中的运用与传播。而大批量组装则不是针对单一的个体或一组用户，它需要某种普遍性以获得最终的意义。

物 质

及时的配送
货物追踪系统让每一个零部件在恰当的时间出现在恰当的位置。

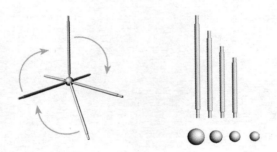

可变化的球状节点系统:
杆件的长度,杆件的角度,节点的尺寸。

美露空间框架系统:大批量定制化生产的实例

操　作

36
西奈山

许多人绕着西奈山徘徊。他们的言语是模糊的,有的叽叽喳喳、有的大叫大嚷、有的保持缄默。但没有人沿着又宽又新的平滑的道路直行,这条路似乎是为了让人们的行走变得更长更蜿蜒而存在的。

——佛朗兹·卡夫卡（Franz Kafka）,《西奈山》

建筑周边的维度,包括与氛围和效果有关的事物,既是在建筑师的掌控之中,也直接从建筑的构造中向外流散。相反,通常被认为是稳定的事物,例如功能——往往在建筑师所能控制的领域之外——实际上存在的更加短暂。

环境,例如任何材料效果,会影响意义和解释,但不会决定它,也不会被它所影响。一个犹太法师曾经给过犹太人在接受十诫之前来西奈山的例子。看着充满预兆和奇观的山峰,他们知道将有事情发生,但不清楚是什么。唯一确定的就是那将是强大的和剧烈的。有些人表现出了恐惧,有些人显得困惑,也有些人怀着喜悦的期待。人们在自己心中和相互之间表达着矛盾的情绪。唯一共享的是情绪的强度。建筑似乎同样是在这个水平上行动。作为一个物质系统,它的构造和效果可以被决定至高度的精确,也可以被调节至创造出非常具体的环境。这可以说是建筑最永久的特性,并且是可以通过高度的精确达到的。宗教建筑的历史充满了这样的例子,同样的建筑在不同时代,或是在同一时代,承载了拥有不同观点的不同宗教。这并不是偶然的。

西奈山

37

功能：建筑∷歌词：音乐

只有建筑师认为空间如何标注与它们之间会发生什么存在着紧密的关系。另一方面，我们在建筑和功能（program）关系脆弱的假定下行动。这个关系相当于歌词和音乐的联系。同样的旋律，作为爱国歌曲《天佑吾王》的结构，在改变歌词后变成了《我的国家属于你》。音乐能够用完全相同的音乐结构，配以完全相反的内容进行沟通，其影响力也完全相同。

值得注意的是，歌词通过某些方式，作为声音材料、节奏、韵律与音乐相互关联，但不是在意义的层面上。同样，功能和建筑的关联很不精确：大概的平方英尺数、相对的地点和关系等等。只有在类似管道、电力和煤气等方面，功能和建筑之间存在着精确的吻合。你不一定都在桌子边吃饭，但肯定在炉子边做饭。

功能分布确实可以改变一个空间的叙述，但正是没有或者因为这些叙述，人们才得以在任何地方做任何事情。

操 作

我的国家，这片甜蜜的自由之地，属于你，我歌唱…

上帝保佑我们高尚的女王，高贵的女王万岁，上帝保佑女王！

美国和英国：一样的旋律，两首歌曲

38

在过量信息下的操作

建筑师的工作好像厨师,管理复杂的食物化学,却未必了解化学本身。比如,一个人不必理解卵白蛋白凝结来炒鸡蛋。同样,建筑师不明白,也不可能明白建筑形成的大部分过程。对科学的忽视不等于对物质过程的忽视;几个世纪以来精细的物质实践往往早于科学发现事物的真理就显示了这一点。

物质实践如同烹饪一样需要一个信息过剩的环境。与这些信息的协作,在速度和数量上都超越了对它们的理解,但这可以以高度的精确性予以管理。这很像我们自己身体的运作,我们不需要不停地规范它们的生理。科学知识是无关,可以说是不确定的。物质过程的管理在一个完全不同的层面上发生。

建筑史上有许多成功的作品却基于在历史的错误中发现的新奇或是更近一点,基于过时的科学理论。

操 作

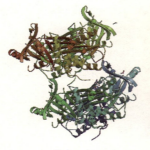
卵白蛋白

新鲜的鸡蛋

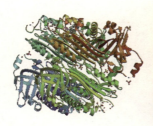
变性的卵白蛋白

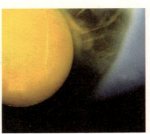
烹调过的鸡蛋

食品科学：食物准备

历史学家鲁道夫·威特科尔（Rudolf Wittkower）在《人文主义时代的建筑原则》一书中，列举了安德鲁·帕拉第奥（Andrea Palladio）的历史错误——将叠加的三角墙归因于万神庙——把错误的历史的合法性赋予了他的巅峰之作威尼斯教堂。在绘画领域中，乔治·瑟拉（Georges Seurat）对色彩生理学不被认可的理论的应用，形成了点彩派。

帕拉第奥的万神庙的重建

救世主大教堂

圣乔治马乔雷教堂

圣弗朗西斯科大教堂

历史的错误，伟大的建筑

大碗岛的星期天,乔治·瑟拉,1884～1886年
芝加哥艺术学院,芝加哥

科学的错误,伟大的绘画

39
非符号的符号

通过对非符号的符号的理解,符号学获得了新的角色和一系列在建筑上的可能性。后现代建筑的符号学强调以意义为基础的模型,建筑被理解为一种用来阅读或需要解码的语言。马里奥·甘德森纳斯(Mario Gandelsonas)把罗伯特·文丘里(Robert Venturi)和迈克尔·格雷夫斯(Michael Graves)的表现历史象征的语义式作品和彼得·艾森曼(Peter Eisenman)对摆脱固定内容的象征的复杂处理的句法式作品进行了区分。现代主义的当代传奇,"新后现代主义"(modern post modern)建筑将这种借助语言学理论的现代建筑传统继续发展,它只是不再理会历史的参考和句法的玩味,转而关注材料的符号性。建筑的各个组成部分用材料来进行编号并以此来指代它们的使用功能。新后现代主义的一个小分支是"物质现实主义",一个由杰弗里·坎普尼斯(Jeffrey Kipnis)杜撰而来的术语。这里主要的指代是一种材料的表观上的质量。尽管我们并不反对这种追求,但我们发现它非常有限的使用了物质材料的内在逻辑。所有的符号学系统,无论是基于历史或是物质,都将建筑从根本上作为一种语言来对待。

在一块抛光的钢条上,加热后的表面由于氧化作用产生的彩虹是一个非符号的符号的例子。彩虹在本质上是一个内在的过程或条件的表面症状,它与象征符号在使用方面是有所区别的。与其说它是语言的——一个用于阅读和解释的物体——并因此有意义,倒不如说它的症状暗示了形成的过程——一种材料性能表现的轨迹——这与它能做什么有关而与它是什么无关。

例如,在钢条上,制作工具的工人明白从淡黄色到深紫色的色谱是一个属性的索引:淡黄色表示硬但很脆,适用于切割边缘;深紫色表示灵活和富有弹性,适用于弹簧。因此色谱颜色上的变化暗示出钢材的硬度以及其晶体结构的变化。它展示了材料的特性和趋势。因此让一块钢条成为刀子或弹簧的决定是有内在的缘由的,它需要制作工具的人的行动来把它变成最终的工具。

在建筑学的语境中,非符号的符号以两种方式运作:在过程中和在产品或效果中。从某种程度上说,这些运作方式已经明显地出现在上面提到的钢条的例子中。颜色的周期自身可以作为结果而使用,在这种情况下,它是作为一种效果而运作。或者颜色的周期也可以作为材料性能进一步拓展的指引,在这种情况下,它是作为一种过程而运作。尽管这也是一种形式的阅读,但它并没有像当代建筑史中各主要的流派——从历史学式的后现代主义,到解构主义,到各种批判式的建筑实践——那样,沿着一个主导的模式共同去追问"这意味着什么?"。非符号的符号在使用上与其他的符号学不同,它并不立即去定义事物而是将结果开放。它们要追踪一个逐渐展现的过程。对非符号的符号的使用使建筑师有可能设计出更加丰富的产品,一个不断扩展的物质成果和材料效果的巨大系列,因为它促进产品内在的,不可见的属性而不是仅仅去表现已知的部分。

以意义为基础的建筑实践实际上终止了过程的存在,因为它关注的对象是固化的结果而不是呈现的过程。它依赖于外界的语法标准,而这些标准与物质的呈现过程是割裂的。如果一个建筑,它必须解释自身或被解释,它就无法表现自身的质量。它在自身材料的组织上和它的参照物之间建立了一种割裂的关系,如同在实在论几何学、物质和物质与符号的联系之间存在着的割裂。

建筑强烈的效果,并不是它所携带的单一的意义,才是可以被自由的解读的,有时甚至可以用完全矛盾的方式解读。我们对历史符号和材料符号的批判基于它们终止了建筑的形成过程。它们脱离了物质而投奔了语言。我们主张一个高度具体的物质组织形式,一个丰富的建筑,它能够展示出很多种质量和效果但它却并不意味着任何一件事情。

符号的游戏:后现代主义

语义的

句法的

材料符号的游戏:新后现代主义

40

在程度的领域中移动

关于逻辑的概念可以在建筑中应用于不同的功能,有时会巧合,有时不会。眼睛的逻辑,需要平衡和对称,它不必和自身结构的逻辑相一致的,当然也不必是智力的逻辑。

——亨利·弗西隆,《艺术中形式的生命》

程度的领域——例如之前提到的钢铁上的氧化花,或者对建筑师来说更贴切的,在结构分析中使用的力场——通常被工程师用来追踪重力,从而使结构的经济性和效率达到最优化,这一特点使它成为在建筑中尽可能快地提取出力量的驱动器。而与之相反的是,我们对力的延误、迂回和繁殖——简短来说,一个对力场的建筑式升华,很有兴趣。

这种升华使在物质领域中寻找力量变异的线条优先于经典静力学中对理想路径的预计。以最少的材料来取得最大的跨度是工程学的基本优化逻辑。它是基于技术的,其目的只为解决一个问题。一个纯粹的工程逻辑可能与一个论据的论证太相近了。它是片面孤立的解决问题,它忽视整个系统的转化。在这方面物质要比纯粹的逻辑更有能力综合的看待问题。这是关键的一点。当你只优化一点时,所有其他的力都被忽视了,结构被简化成一个简单的逻辑。

一个潜在的假设是最优化的形式代表了公认的真理,而事实上它们是孤立的,简化的概念,不能表示一个复杂的宇宙。因此我们将简化的逻辑取而代之寻找具有创造性的偏离,它曾经被经典物理学所不齿。我们的方法强调最适合条件下的效率,它不是简化式的。尽管一个大概保持简化的关系还是需要坚持的,但是在空无所有的空间中的仅仅表示一个抽象关联的结果的直接路径,在我们的图示中被理解为充满活力的物质领域且能产生偏离的空间所替代。因此,我们通过一系列接近平衡的多重影响,而不是单独的影响,来寻找一个方法,在一群元素中,而不是最优化的一个元素中,去引领和导航。其结果将是在那个丰富的领域里尽可能的极简。

在一个如此丰富的环境中,任何矢量,无论它需求多少最简的路径,都将因为力在场中繁殖而激发成串的效果。因此,当一个人向这样一个物质领域投射几何时,这不再是一个强加预制的限制或者一个外部的优化的问题,而是物质领域与投射到它上面的几何之间的互动并由此产生某种最适合条件的过程。这里结构和装饰之间的界限变得不再明显。如同从凡·德·格拉夫(Van de Graaff)发电机产生的火花,那些不是直的线条,而是搜寻的线条。在从一个结构向另一个的转换中,在形成稳定的形式之前的那一刻,最多元最丰富的状态出现了。

由于大多数建筑处理的是组合的材料，而不是简单的物质，因此我们必须按照上面的方式进行准备，从而最大化所产生的效果。这要求场所满足以下三种条件：足够数量的元素、关联性和相对接近的尺度类别。这些元素构成了细化。

跟随彩虹：
对非符号的符号的实例研究

物质走到哪儿，力就跟随到哪儿

假设一个结构的网架可以达到单一性与多样性的平衡状态，那么它必须首先被造型，这样它的编结就不会是单一的。编织不能太密，不然它就过分结构化，也不能太松，否则它无法承载应力。它需要有一个适当的密度，这样力可以传递到整体结构中而不是集中到边缘。在这种情况下，网架体系不再扮演一个整体结构的属性而是作为一个拱和平台的连接者。

因此，网架既不能太粗也不能太细，而应该是一个适当的尺寸。太粗，它将失去展现变化的精细度。太细，它就会塌落。

当把网架的效果调节到恰到好处的程度时，我们开始关注这个具有光滑边缘的大拱的整体尺度。我们通过调节拱的倾斜角使网架获得密度进入临界点，这种临界点是一种材料与力最平衡的状态。在这种状态中，力进入到了另一种状态的平衡，它开始集中到边缘而不是作用于整个桥体。就像元素在一定的温度下会由固体变为液体，或者由液体变为气体，建筑也正是在这种由一种状态转变为另一种状态的那一瞬间，也就是在到达平衡前的那一刹那，呈现出最丰富，最强烈的效果。

拱

平台

实在论主义者对力的表达将桥简化为分离的元素

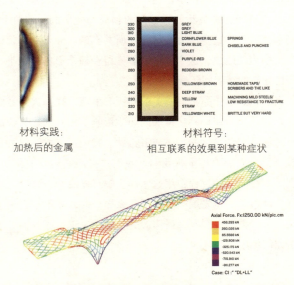

材料实践：
加热后的金属

材料符号：
相互联系的效果到某种症状

力的颜色表达式：拱和壳的融合，加粗和变细单元，加密和疏松波纹，增加和减少层

41

偶然的动物性

某位法国评论家有一次将我们的横滨港客运站方案描述为蜈蚣或甲壳类动物。我们承认这个项目和这些生物共有一定的组织上的特点：即它是节状的、轴向的和局部变异的。前两个特点，轴向和节状，是这类所有棚状建筑所共有的。如果我们曾经寻求在建筑中表现昆虫，这个项目可能停留在一个形象的水平，而没有任何建筑的精确问题会被提出。

当然，这个作品不可避免的同所有事情一样，被符号式地解读。好像一个人在抑制精神病的药物影响下，我们接受我们的作品有时展示出动物性的品质或者特性：我们可能继续保持意义的幻觉，但是它们不再干扰我们。我们坚持回避动物主义的标签，特别是不在设计的过程中用这些词去解释作品。那将会扼杀设计的创造性过程，预先说明项目是什么样子的，而不是它是怎么作用的。事实上，我们发现最伟大的动物主义正是通过探寻客观因素是如何作用而实现的。

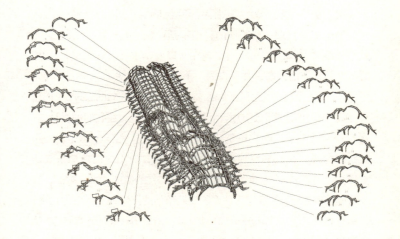

雷泽 & 梅本
横滨港竞赛提案
横滨，日本，1995 年

42

纹理的迁移

我们为一个犹太教会堂所做的网状顶棚,开始于一个非表现性装饰的历史纹理(植物性的,而不是被赋予人形的),其遵循圣经对于雕像崇拜的禁止。它出现在《以西结书》(Ezekeil)一书中对所罗门神庙的描写,并且作为一个特性,在1596年和1604年朱恩·布艾迪斯塔·比利亚尔潘多(Juan Buatista Villalpando)的论文"以西结书的注释"被引用,由此入了建筑领域。在我们的设计中,网状顶棚既是结构的,也是装饰的。镶嵌在天然的形态中,一个筒状的穹窿,我们的纹理将特性逐渐演变,而不是简单地重复历史模型。作为一个特性,装饰被揭示出其结构的属性。然而,在装饰或结构之前,纹理作为秩序的先期条件的重要性变得更为显著。

特性,当它们以过去的模型为参考时,并不和任何特定的历史案例相结合。任何历史建筑都是一个临时具体的力量、条件、和意愿集合的产物。面对一个新的设计,我们将历史放置一旁,将项目作为一个具体的结合和材料特定案例,以逐渐演变的材料和社会现实所定义的一群新的力量来工作。考虑到线性的发展脉络,特性保留了其扩张的开放性,它保持了原型的活力,而不是把它们作为历史形式固化,拒绝改变。特点允许一个人谈论和关联先例,并不会压制它们。

所罗门庙的重建,引自
朱恩·布艾迪斯塔·维拉潘多的"以西结书的注释"

纹理的迁移

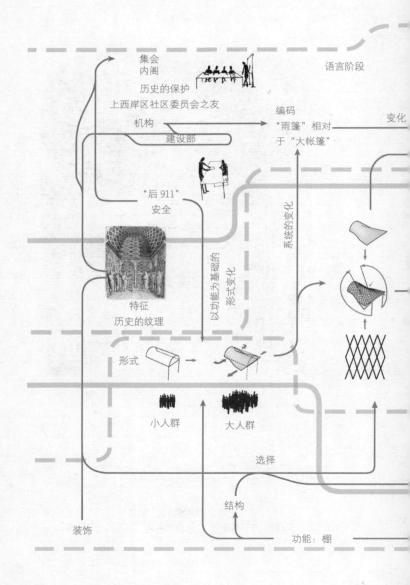

操 作

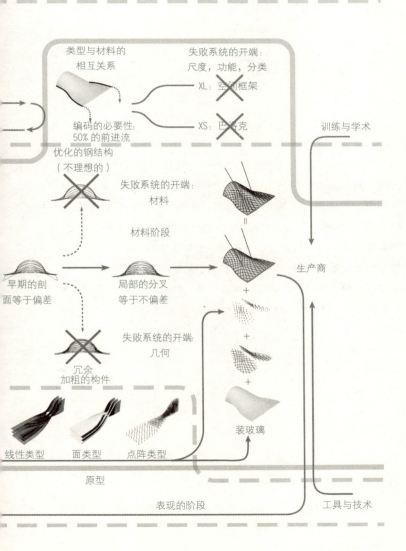

43
新式结构

特性作用于历史条条框框的禁锢和材料及力所产生的变化之间。建筑必须在材料与力的思考和材料与形式的思考之间相互协调。前者遵循不断变化的逻辑,关注特殊性;后者遵循编码的逻辑,强调限制力。有趣的是,当我们挑战一个建筑法规时,在实践中我们称之为变化。事实上,一个变化的形式存在于大多数编码系统的结构中,尽管编码系统总是倾向于保留限制,而不是允许创新。我们不提倡对法规的拒绝。然而,我们建议一种新的工作模式,让编码系统对变化更开放,使它成为对程度的划分,而不是最终的决定。

建筑设计不是通过侵犯，而是通过有效地在法规本身的定义中操作来挑战法规。法规是为了建筑的稳定模型而被创建的，围绕想法而设计，例如，一个顶棚就是个顶棚，一个帐幕就是个帐幕。法规本质上是和物质实践中产生设计的流程相分离的。当法规可以作为一个不可见的限制存在时，它们本身不是有生产力的。在某些特别的案例中，建筑的生产能力在它打破被法规规定的稳定定义中起了关键的作用。这是当设计实践拓展到一个法律定义的范畴时实现的。改变法规，从而让它接受新的变化。

44
发明

在他的著作《枪萌芽和钢铁：人类社会的命运》中，地理学家和生理学家杰拉德·戴尔蒙德（Jared Diamond）保留了需求是发明之母的传统主张。我们也发现发明经常是它自己需求的催化剂。就像乔治·博格斯（Jorge Borges）建议的，作家通过一起绘制之前没有被联系在一起的体裁和作品，来创造他们自己的历史，像留声机这样的发明满足了在它自己的发明之前不存在的需求。我们看待设计实践存在于一个历史和效果相似的关系中。不以批判性的态度响应现存的规范，我们倾向于一个精确的，同时足够开放的建筑，来产生既在它的形式，也在它形成的方式上无法预见的材料成果。

死前最后一句话的录音？
为盲人朗诵故事的录音？
播报时间？
教授拼写？

↓

↓

流行音乐的大规模传播

爱迪生的表音法：发明等待应用

45

风格：
客观的个性化，材料的表达

相对于现代主义努力表达过程和预示困难，我们所倡导的物质实践在很多方面都显得更加传统。建筑既不应该表达生产的困难，也不应该缺少困难。建筑应该使困难看上去容易。这个立场是和以过程为基础的，盲目迷恋困难和其实并不复杂的波普的设计努力有很大的区别。

风格是克服困难的表达，使难的看上去容易。材料形成和展开的过程通过它们内在抵抗和倾向的互动表达了一个客观的风格。我们追求这个材料表达领域的控制，而不是一个仅仅关联着个人精神表达的风格。

这意味着一个反过程的讨论。

这种理解风格的方式也和许多传统实践相联系。当日本的僧人为他们的花园寻求石头，他们会挑选上百块石头。这些石头经过同样的客观的叠压和混合的地质过程而形成，但它们展示出不同的特性。尽管所有的石头都是经过一个一致和严格的过程形成的,但是过程本身不能保证任何一块石头的特别。尽管石头不是按人的意愿形成的,但客观的个性化例如被折叠的岩石也形成了一个风格。园丁不会满意一般的石头,他们不断的搜寻最突出或最强烈的石头。在石头的挑选中—— 一个意愿的行为——这些客观的个性化风格得到了证实。

有趣的是,才能和直觉保持着对风格表达的维度控制。例如在诗歌中,一首十四行诗的结构和规则,并不能保证任何东西:有无数糟糕的十四行诗,就像有无数块糟糕的石头。挑选和辨别对在任何材料系统中工作都是非常关键的。

即使某些岩石也有某种风格。

雷泽 & 梅本
中央建筑,宝马工厂
莱比锡,德国,2002 年

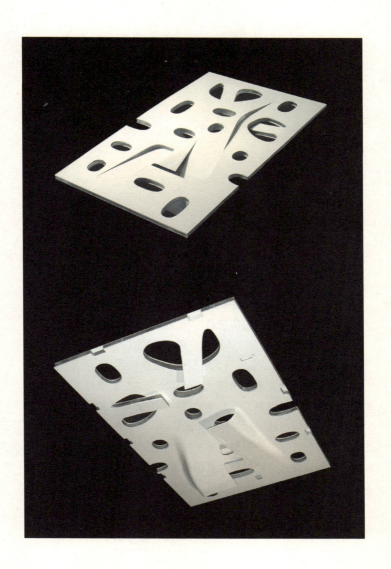

46
过分乐观的范例：起源与结果

在起源中处于次要位置的事实不意味着它在结果中也不重要。那些才是彻底不同的主体。

——斯蒂芬·杰·库德（Stephen Jay Could），《生活历史的模式》

在他的《生活历史的模式》一书中，进化生物学家斯蒂芬·杰·库德介绍了前适应（exaptation），一个可供替换的理论。这个理论把新奇事物的出现作为一个副产品而不是一个错误的描述。前适应的特点完成了杰拉德-戴尔蒙德的发明反向概念，即发明是需要的必然：它们不是来适应也不是被发明用于服务特殊的目的，而是作为较大系统内部作用的副产品，它们已经无目的地创造了新的基础。没有关于改善的目的；只有可能被选择或拒绝的不同。前适应超越了起源可以保证某些永恒的特点的设想。[29]

传统设计方法论典型地基于一个自上而下的逻辑；一开始概念和目标就被建立，甚至在真正的设计开始之前。在这样的方法规则下，次要元素在设计项目中的出现只可能被看做是概念的瑕疵或错误，并且要从最后产品中排除出去。

如同皮埃雷·查里奥（Piere Chareau）的玻璃屋，他过度地考虑了功能的作用,将优化演变到了对建筑自身机制的礼赞的程度,于是他也失去了自然发生的创造性。

我们对作为产品解释的过程不关心。然而,建筑应该对成功的副产品进行利用,就如同它对整体的连贯性的追求。三角形拓扑结构最初在战争武器的生产中被发展出来,它与它的潜在作用没有关系。我们应该为了它们的积极的物质潜力而进行挖掘,而不是把这样的系统作为起源的污点考虑。

威灵顿轰炸机的三角形拓扑结构的编织

47

退化建筑

在《走向新建筑》一书中,柯布西耶展现了一系列汽车设计如何在功能需要的推动下进行优化。汽车被定义为一个需要不断进行性能优化的载体。事实上,柯布西耶并没有完全如实说明他的兴趣,因为一个纯粹的在性能方面的兴趣会避开,或者至少不关心形式和审美的问题。

种类的改进或者深化产生了它自身的品质,但是这些并不总是基于性能。形式的副产品,而不是性能,才是最有意思的东西,事实上它在某方面更接近和更适用于建筑的性能概念,建筑的性能很少和一个单一的优化逻辑相联系。建筑的目的是由许多部分组成的;它们依靠于使用者的广泛实践,这与一个飞行员或司机的位置是完全不同的,可以说,当速度增大时,他们会失去对形式和审美问题的关注,而只是越来越关注性能问题。

我们和建筑的关系并不像司机与车之间的关系,而更像是消费者和食物的关系。消费者并不关心导致一个动物变成现在这个样子的演变过程和压力,但关心这个过程所带来的口感和味道。

柯布西耶的观点是,正确地提出一个问题会带来一个成功的解决方案,即使是在一个已经被认可的标准之内。但就建筑而言,

操 作

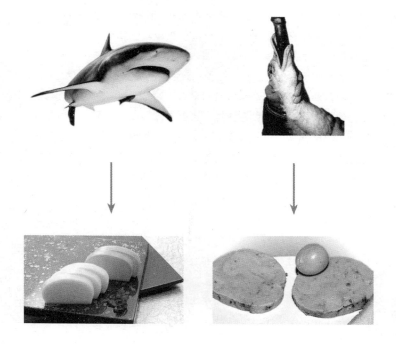

鲨鱼变成雨糕　　　　　　　鹅变成了鹅肝酱

左　死后被驯化
右　生前被驯化

与其说是寻找一个最终的解决方案，还不如说使用和目的之间只是存在着一种可能性的关系。

自然选择的确在成为食物的动物身上产生作用，并且提供了更大或更小的产品清晰度。因此一条90%是肌肉的鲨鱼，和一只90%是脂肪的鹅，代表了两种非常不同的清晰度。鲨鱼是野生的，一直在水中生存。鹅是纯粹家养的，被限制和强迫喂养。鲨鱼是进食机器，鹅是靠机器进食。然而两者都在它们被食用之前经过了一个被驯化的过程；鹅在被杀掉之前，鲨鱼在被杀掉之后。

柯布西耶的进化观点假设一个物种的不断改进是自然选择的压力的后果。实际上，在建筑中，事实却相反。再举一个航空业的例子：优化在一个物种的进化过程中往往很早就出现，而且这种优化多数情况下与某一个功能的表现相关。现实中，自然选择的压力不仅仅与改进有关，而且还与生产的惰性相竞争。一旦被投入生产，一架飞机很少会因为某些需求的改变而中断生产，这是因为打断一个生产周期的代价太高了。相反，改变只在现存的流水线上出现。但是，这些多重的小需求的效果，会产生巨大的后果。在战争时期，改变的附加效果可能会将曾经最理想的飞机转换成一个笨重的怪物，例如"一个坐着的鸭子"。当飞机的设计因为回应多重矛盾的需求而产生性能上的退化时，它就从纯粹的功能优化脱离开了。悖谬的是，性能上的退化却让飞机看起来更开放，更像一个建筑物。

在一个奇特的方式中，亨克尔111（Heinkel 111）轰炸机玻璃机头的退化和某种当代的透明性问题相一致。当空军编队的飞行员隔离在分散的飞机中时，德国空军指挥部坚持要求他们的飞

操作 211

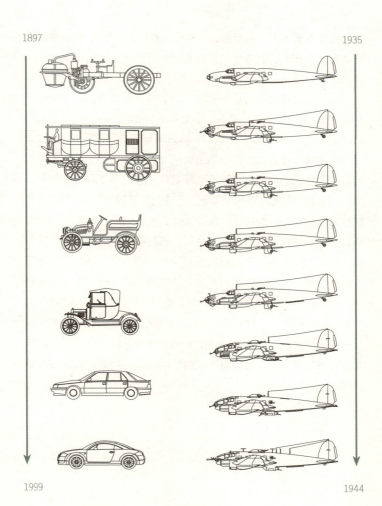

进化与退化

行员聚集在玻璃机头的部位,这样他们不会和其他飞行员相隔离,或者开始为他们自己考虑。因此在这个透明的玻璃房子里,战斗开始了。

但是,就像透明的玻璃建筑,从表面上看上去,由于反射的存在,玻璃并不透明。试飞员埃里克·布朗(Eric Brown)上尉的飞行记录中对一架亨克尔111的测试报告中描述了这个问题。他注意到机头部分伸出的玻璃的确给飞行员提供了"最佳景观",但是这种极端的透明只在非常具体的灯光条件下才有可能。在黑暗中,或者当阳光从飞机尾部进入机头时,玻璃会形成镜面反射,根本无法看到外面的状况。在暴风雨情况下,这会变得更加糟糕,因此对一个推拉屋顶的需求产生了。飞行员会用曲柄旋转他的坐椅,这样他的头会从轰炸机的顶部伸出,将一个二战时期的飞机性能减少到一个一战时期的水准。伴随而来的是所有飞行员暴露在外所产生的速度和灵敏性的降低。此外,雨水会落入座舱区域,在飞机底部积水,并且对电子系统和广播造成破坏。[30]

透明性最广泛的意义,政治上的、社会上的、形式上的,最终到建筑现象上的,都具有类似的目的,也都经历过类似的历史过程。

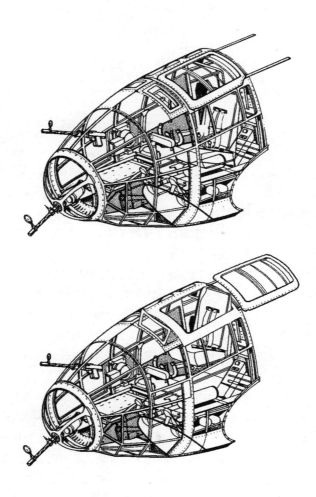

亨克尔 111 系列

48
优化

优化就是要找到一个目标。它如同一场棒球比赛,只考虑那些越过本垒的人。个别的戏剧性场面、佯攻、球员、球员实际的注意力,以及他们所体现的力量和策略,都是不被考虑的。结构的概念必须与建筑的概念进行积极的互动。有很多方法可以取得平衡的状态,不一定要极简或直接。

当弗兰克·盖里(Frank Gehry)通过钢的堆积来实现他想要的形式,他是在寻求纯粹形式的最优化,但他忽略物质的内力的行为。一个追求工程纯粹性的作品,比如悬桥,寻求力的行为的最优化,但它忽视了形式的表现。与以上两种情况不同,我们通过优化的过程来寻找一种力与形式的平衡状态,保持两者都起作用,而不是以抵消对方来扩张其中一个。

一个工业产品,例如钢,可以被标准化,形成一个没有不同的同一产品。木头则不同,因为它是在一个自然过程中形成的,所以每一块都不尽相同。木结构建筑设计规范在考虑安全因素时是以最差的木材和最坏的设计情况为标准的,从而消除了具体每一块材料间的极大不同。这种对于物质的规范和与专家挑选个别木块时的标准完全不同,后者对每一块木材的强度与性能的判断是以个案为基础的。

一个众所周知的个别挑选的例子就是海斯－恺撒 HK-1 型飞机（Hughes–Kaiser HK-1），或以"时髦的鹅"更知名。设计团队被派到美国和加拿大的树林中为飞机上的特别零件寻找特别的树。[31] HK-1 不是通过一定的铝结构来设计的，而是利用各种具体和独特的材料的特性。这样一个设计不能泛泛地看待。尽管"时髦的鹅"在航空界最终落得个只能坐不能飞的名声，但它获得了技术上的绝对成功。

材料科学承诺可以通过非标准化的材料，和可以根据具体要求在一个部分进行调整的特性和表现，来连接自然差异和标准化之间的鸿沟。这可以将钢的特性从现代的同一性中解放出来，并反过来将它们回归到例如铸剑这样的传统工艺的异质性中。

左　弗兰克·盖里/FOGA，沃尔特－迪斯尼音乐厅
右　木材，一种非标准化的材料，在建造被称作"时髦的鹅"的海斯－恺撒 HK-1 型飞机时被使用

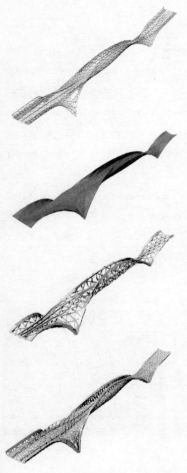

竞赛模型
概念制造出一个理想的几何形。我们假设它可以用木头来建造,这一材料是中国台湾提倡的。

形式找到模式
我们的工程师将桥的形式设计成最小的表面,从而使壳结构的性能更优化。结构上合理,但看起来很可怕。

优化的结构
木材的模式
尝试使用木材为建造材料的优化模式看上去更可怕。

木材模式插入横向元素
在改进模式形式形象上的努力,横向的元素被引入,更细的构件被加入,但是失去了原本的竹篮编织的概念。

阿里山桥:反复过程的实例研究

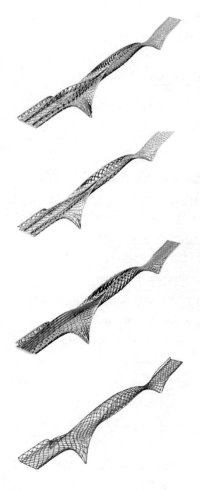

钢材模式插入横向元素
系统的变化：我们的业主指出木结构桥的使用寿命在基地的气候环境条件下只能维持6年。没有结果的努力！我们建议改变材料。一种形式的改进，但构件依然太粗。

没有横向元素的钢材模式
一种形式的改进，但构件依然太粗。

钢质鸡蛋笼
作为一种补救，我们建议将所有构件旋转90°。我们的工程师帮我们进行了理性的调整。桥梁从立面上看起来更加透明，但是，是的，从横向的透视上看起来却极其得致密让人无法接受！

手工艺模式：双层网壳
视觉上的轻巧通过用两个更轻的构件替换一个粗笨的构件而获得，悖谬地回到了最初竞赛方案的理念。

49
没有原型的经典主义

历史学家和评论家会通过一系列的范例来定义从它们派生出的血统。设计师更注重寻找可能并无先例的核心的解决办法。最典型的是,设计师会面临成堆的带有既定经济目标的需求和条件。设计师的直觉不是以潜意识的修正来行动,而是通过积极调配在头脑中不能同时存在的因素。一个伟大的网球手既不考虑历史,也不考虑每一拍的机械运动。当面临新的情况时,他或她已经可以不通过比较先例或系列中的元素来判断正误。对象的价值立即是可以理解的,而且并不仅仅是特殊的或主观的反应。

坎帕尼奥洛三角刹车(Campagnolo Delta Brake)提供了这样一个例子:一个超出功能和形式间的平衡的设计物体,具有经典的表达,抓住了一个米开朗琪罗式的瞬间。这个刹车的机械构架真正成为一块过度发展的肌肉,过度饱和,就像健美选手的身体一样。一个运动员肌肉发达的平衡被推向了一个极致,并走向凝结为一体的边缘。它甚至有从一个协调的躯体转移到一个盲目迷恋肌肉的集合的威胁。事实上,坎帕尼奥洛自行车的配件已经发展出了一个贪婪的收藏者市场,它的零件已经脱离了具有功能性的整体,获得了独立的生命。

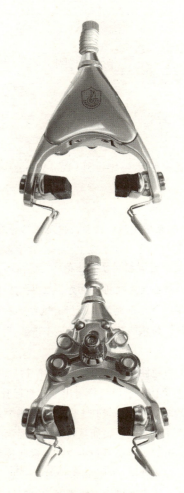

坎帕尼奥洛三角刹车

50

力的投射

诗人和评论家保罗·维拉利（Paul Valery）在他的《论绘画》一书中写道：

"人在他的所见中生活和行动，但是他只会看到他想看到的。把不同的人群领到任意一片景观中。一个哲学家只会模糊地看到现象；一个地质学家看到的是具体化的，混淆的，被破坏的和被粉碎的纪元；一个士兵看到的是机会和阻碍；而对一个农民来说，他只会看到景观，汗水和利润。但所有这些都有相通的地方，那就是他们不会把任何东西简单地看成一个情景。"[32]

如同光线的可逆性，景观既是投影的产物，也是解释的产物。被维拉利提及的个体，不仅仅投射出他们自己独特的观看技巧，也反映出他们的职业施加于景观上的技术。每个人间接地应用自己的技巧和技术于景观之上，而景观反过来揭示出这些技术精确的限制。的确，可以讲，对景观来说，除这些技术之外，没有什么可以是两者只有通过相互的投射来使对方可见。

在景观之外，技术通过他们所投射进的区域来定义它们的操作限制。它们行为的外表是它们被它们所遇到的环境所证明的自身内在局限的一个功能。当一个被标准规格和材料局限所定义的道路系统遇到一个非标准的山坡斜度，为了能让某些特定类型的汽车可以安全通过，于是采用了转向线。在战争规划中，行动的战场由一个相似的系统定义。具有一定操作外表的武器系统被投射进一个具有自身局限和抗力的环境中。在地域和建筑中同样有这么一个燃眉之急。当进入不同的谈判，当不同的系统相互投射而产生了第三个系统，就有了这样一个可能性。创造就是新的潜力在两者行为的边缘互动中被释放出来时产生的。

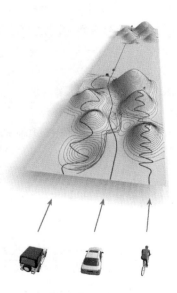

将力投射到区域中：转向线

51
建筑与战争的比较

战争的场景,无论是政治上的或是物理上的,由消解凝聚的力量和寻求保持凝聚的力量组成。在战争中,主导的力量是保持最长期的有序。它处于战争本身所具有的有序和无序的展开关系中。建筑也有类似的关系,与战争有序与无序的展开平衡相平行,如同一个场景不把战争作为结束的手段,而是以战争,特别是阵地,作为结束本身。

现代主义,在拒绝差异性的过程中,将凝聚的军事联盟推向一个单一的政体。在向现代主义挑战时,我们不提倡无秩序。相反,我们认可秩序可以从基于一个相同目的的不同元素中形成,或者是表现不同的相似的元素。

索尔的自杀
老彼德·布勒哲尔（Pieter Bruegel the Elder），1562 年，
美术史博物馆（Kunsthistorisches Museum），维也纳

52
游牧是静止的

冲浪者根据气候变化而周期性的迁移,但他们始终待在同一个地方(夏天的地方)。在微观层面看,冲浪者忙于追求另一个动力场中的静止,骑在波浪上。同样,在草原上的游牧民族依然保持着与景观绿化的关联度,根据年度气候变迁的速度来迁徙,始终骑着一个绿色的波浪。无休止的夏天是一个全球化的追寻。

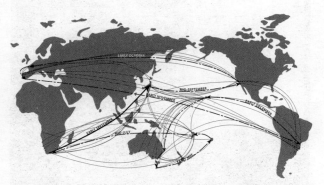

为了追求永无止境的夏天,冲浪者在全世界范围内迁移,
以保证全年都生活在同样的气温中。

冲浪者全球迁移的路线图(点状线表现专业冲浪路线)

操作

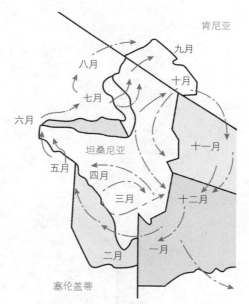

为什么游牧民族不迁移：游牧民族相对于绿化的渐变来说是静止的。

塞伦盖蒂游牧迁徙图

需要避免的普遍错误

53

意外的滥用：
传统关联　对比　索引的关联

宣称数据和代表数据的图表之间有关联并以此来解释建筑是错误的。这样的关联不是索引的，而是——如同所有的语义——是基于传统的关联。在音标中就有一个这样的例子，在一个给定的声音和一个给定的字母之间。正如同数据能与任何数量的图形产生关联，图形也可以和任意数量的数据产生关联。同样一个声音可以是——或者实际上已经是——能够代表任何数量的符号。在符号和声音之间不存在如克拉尼平板所呈现的，声学的物质表达与共振之间的索引关联。传统的意外关联不应该被作为索引滥用。

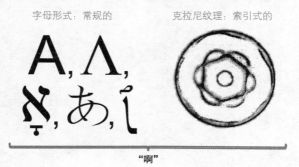

字母形式：常规的　　　克拉尼纹理：索引式的

"啊"

54

数据的滥用：
地图与领土的混淆

让我们回到地图和领土上并且问一下"在领土上的东西在地图上是什么呢？"我们知道领土没有展现在地图上。这是我们全都同意的核心点。现在，假如领土是均质的，除了边界，没有东西可以画在地图上，这个边界就是它与更大的矩阵不再一致的点。实际上，出现在地图上的是差异、高度的差异、植被的差异、人口结构的差异、表面的差异，或者别的什么差异。差异是地图上出现的东西……一个差异就是，是一个抽象的物质。

——乔治·贝特森（Gregory Bateson），《迈向有意识的生物学》

为了论证自己，数据主义者们陷入了错误的证据之中，并且因此把过程与产品混淆起来。例如，仅仅因为与天气的相关性而把气象动力学图表的数据与气象站的屋顶的结构联系起来，是一个在语义模式下的失败的设计结果。

一个典型的数据使用的错误是把数据看成是制造形式的工具。本质上说，被图形化的内容证明图形形式的使用是一种产生建筑形式的方法。实际上，这个图形只有一个与图形化内容的传统关系并且可以产生任何数量的形式，这些形式中没有一个与建筑学有必不可少的联系。这种逻辑上的失败是因为急于为使用的形式建立理论上的支持。

在一本关于信息理论方面的著作中，乔治·贝特森定义了一个地图本身不作为领土而是作为定义领土差异的载体。一个图示，当被适当和有效地使用时，表现出同样的特性，它作为一个抽象的梯度来定义一系列的差异。如同将不同系统的内容投影到同一个地图上，在那些"产生差异的差异"[33]中存在着潜能。这个差异不是作为地图的一个内在的特点而自动产生的而是作为一个价值判断的结果。

需要避免的普遍错误

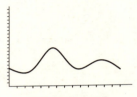

基地的年均降雨量

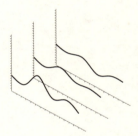

历年的年均降雨量

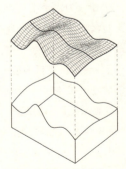

气象站的屋顶形式

数据的可靠：逻辑上惊人的错误

55

历史的滥用：批判的剥夺和历史的辩解

> 我不认为这世界上有任何事物在运作上——在它最本质的层面——是绝对自由的。自由是一种实践，如果人们能够找到——或许这世界上真的存在一些——自由被有效的施行的地方，你会发现它并不是因为事物的秩序，而是再一次因为自由的实践。
>
> ——米歇尔·福柯，《与莱比奥（P.Rabinow）的采访》

认为建筑能够影响自由和解放的假设是不负责任的。它们都是实践，并且只有在立法和行为水平上可以实现。[34] 一旦建筑被从常规中分离出来，我们就必须承认这一点。作为一个社会，我们共享的一个约定就是，当我们走进办公室，我们就会工作，这是一个常规；显然在建筑范畴里没有任何能力去强加这样的忠诚。当我们为了积极的效果来建造机构时，它们当然是被建筑扩充和强化的，但是建筑永远不能保证它们的成功或失败。

米歇尔·福柯询问建筑是否能够产生更大的自由。他得到的答案是不能。如果自由是一个有关人类行为实践的事情，那物质对它是不重要的，而且就像米歇尔·福柯证实的，一个修道院可以被转化为一个监狱，或者学校。其实我们相信，我们不太

需要避免的普遍错误 233

上　左翼的议会
下　右翼的议会

可能设计一个功能上只能作为"学校"而被使用的学校,并保证它不被作为监狱使用。

那些与建筑和机构的创建以及其创建所需参与人员相关的政策,从开始就在建筑中被表现出来,并且将影响它们被使用的方法。但是一个建筑不能被简化为政策,最多可以为自由负责。所有这些可以被看做是,在某一时刻,政策是一个影响设计的力量,但当物体一旦形成,它就和之后的应用没有紧密的关系了。就像规划不能保证自由,它也不能保证空间的性质。如吉勒斯·德勒兹(Gilles Deleuze)在他关于平滑空间的讨论中所说的,潜艇运行的动力学进入了海洋温度和洋流的变化中,那才是终极的平滑空间,但它是战争的武器。相反,并且和批判历史学家立场相对的是,当在平滑空间里航行的技术被应用在良性用途上时,技术的军用来源决不能粉饰或宣告技术本质上或最终的军用性。

关于过程和产品在数据空间中的混淆的推论存在历史或政治条件和建筑生产之间的混淆。例如,古典建筑和政治价值间的关系是常见的,或是基于语言的。共和政体的价值和代表性的民主或多或少和经典建筑平行发展。现在,出于偶然的关联,古典建筑开始代表这些价值,尽管它原本,并且后来的确,可以代表其他完全相对立的价值,例如极权主义。

历史学家的冲动是用来源来辩解或者攻击一个特定建筑的选择。但是使用历史来辩解或分解物质现实充其量相当于一个魔法的形式。

56

图示的滥用:枯竭

任何一个组织上的模型都是有限制的。用一个图示贯穿于一个建筑项目所有层面的设想是徒劳和消极的。由一个模型来决定设计的所有方面,就是简化在现实中更丰富,更多样化的组成。真正的多重性需要很多不同模型的协调。一个单独的模型在所有规模上的不懈的展开仅仅是形式的重复。

在普通的实践中,例如,整体的空间图示不会决定卫生间的布局。特殊模型的应用更加要求对功能性的限制程度进行观察。有趣的是,一个单一模型既不能满足整体图示的需求,也不能满足具体功能组织的利益。在一个项目中使用几种模型是更加微妙和多产的操作模式,它有助于建筑所提倡的转变和创新的产生。

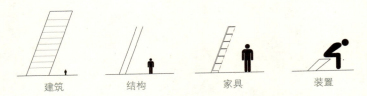

在所有尺度上对同一形式的没有价值评估的不断的使用导致了枯竭。

57

逻辑的滥用：混淆时间与效果

建筑产生的过程通常与它最终的产品和效果混淆。这实际是个逻辑上的谬论，被贝特森称为逻辑打字里的错误。

形成的时间不能与效果的时间混淆。山脉作用于天气来制造微小气候和影响更大的板块，但这个作用是在一个不同于地质学力量影响山脉的时间尺度上完成的。尽管这些产生山脉的地质力量的确间接地影响了发生在它们上面的气候，但其中一个并不为另一个提供任何验证或意义。高山的形式，而不是它的形成，是与氛围有关的。

请注意在同一时间中过程的不同阶段所产生的混淆。举办宴会的人，不会犯把舞步和蛋糕配方相混淆的错误。但是在建筑学校中，类似的混淆很常见，一个层面上的数据作为表现被使用到另一个层面上。

需要避免的普遍错误　　　　　　　　　　237

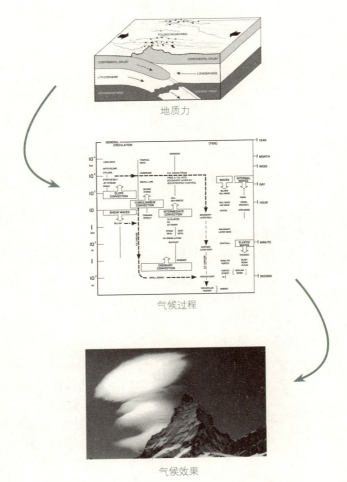

地质力

气候过程

气候效果

物质流是连续的，但它们的速度可以是极端的不同。

58

类型学家的错误

[对于类型学家来说]，在大自然可以观察到的变化中，存在着有限数量的固定的、不变的"想法"。理念（想法）是唯一的固定的和真实的事物，而那些观察到的变化不比一个在岩洞墙壁上的物体的阴影有更多的真实性。……[相反]，主张控制人口增长论者强调有机世界的任何事情的独特性……所有的有机体和有机现象都是由独特的特点组成的，并且只有用统计学的术语才能正确地描绘它们。个体，或者任何类型的有机实体形成了我们可以决定几何意义和统计学变量的全体。平均只是统计学中的抽象概念，只有那些构成全体的个体才具有真实性。主张控制人口增长论者的思想家和类型学家的最后结论是正好相反的。对于类型学家而言，类型（理念）是真实的，变化是一个错觉，然而对于主张控制人口增长论者来说，这个类型（平均）是抽象的，只有变化是真实的。没有其他两种看待自然的方法比他们更不同了。

——恩斯特·迈耶（Ernst Mayer），引自曼纽尔·德兰达
《密集科学与虚拟哲学》

需要避免的普遍错误

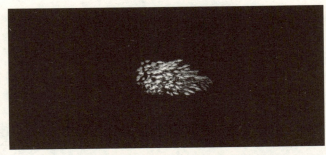

上　类型学家的观点
下　控制人口增长论者的观点

世　界

59
一个我们时代的寓言

在一个一切都被缩减为由媒体控制的表现的社会里,唯一留下来能够被我们信任的就是生理上的疼痛感。搏击俱乐部(Fight Club)中的主角不得不以小团体的形式进行互相打斗直至几乎被打烂,从而感受到生存。疼痛感是唯一真实的东西,并且是我们可以自由支配愿望的唯一媒介。在建筑中对材料效果的回归也同样体现了对这种现实的渴望。效果避免了对历史、背景和表现进行解说的可能性,对事物的观察和感受基于它们的作用,而不是它们的意义。

碱液后果:为了忍受疼痛,叙述者被他的知己强迫走出他的身体,从而能够更深入地进入他的身体。你可以把搏击俱乐部和现象学进行类比——把一切植入身体和经验的欲望。这样的理解说明建筑植根于不可削减的身体和身份的概念。电影的结尾,事实上,再次把这个概念分裂开来,揭示了身份是非常暧昧的。叙述者和他的知己之间并没有一个清楚的界线,但是他们的行为及其结果却是明确的不含糊。

这些行为最后以一个名为"伤害罪项目"的任务而进入高潮。搏击俱乐部的成员走出他们自己之间的斗争,进入了社会。

世界 243

搏击俱乐部
导演：大卫·芬奇
1999 年

伤害罪项目操作：在效果上的实例研究
（思索的产物变成了行为的产物）

以对一件"合作艺术品"的瓦解为开端,破坏企图通过把艺术作品脱离于它的表现状态得以实现的组织,并且将它转化为一个巨大的保龄球,一个具有重量、质量和惯性的物体,最终导致了一个"授权经营咖啡馆"的毁灭。这当然是徒然的努力。当行动中的一个成员被射杀,伤害罪项目以匿名的方式将尸体在花园里埋葬,以期这个身体可以消失。叙述者坚持还给尸体原有的身份,建立他的唯一性,坚持叫他的名字"罗伯特·保罗森"(Robert Paulson)。伤害罪项目立刻抓住了个性的痕迹,并把它转为了咒语,把名字从它的唯一性中夺下来,叙述者被吓倒了。当一个名字被重复时,它不再是有语义的,而具有节奏或重叠的特征和属性。

在将语义和它与意义的联系分开的过程中,重叠起到了作用。首先因为它通过重复详尽解释了意义,第二因为它将有节奏的结构赋予了重复。这就像一个可以用来获得意义的概略的装备,但又不可化简为任何具体的意义。就像歌词和音乐之间的微妙关系,或者是规划和建筑之间的,叙述和结构之间的联系不是固定的。语言的物质性,它的音乐性,它的节奏能量,最终是依附于节奏的结构,而它的语义方面仅仅和那个结构存在一个形式上的关系。

60

泡沫状的现实

我们建成的世界所呈现的泡沫状是晚期资本主义——比如垃圾债券等的直接表达,是对一切非真实性事物的颂扬。对材料的回归,就像对一个"真正"的黄金标准的回归,并非我们的本意。我们提倡的既不是材料现实主义,也不是回归现象学,也不是对材料的波普表现手法的使用,例如歇斯底里地——类似饭后闲谈——歌颂幻影,把专威特化装成石头。悖谬的是,我们宁愿追求一种更加极致的人工化,就好像商品的认沽期权。这并不简单地意味着材料创新,就它本身而言,仅仅是我们已经了解的现代主义的延伸。

你画的东西就是你得到的东西:真实的恐怖并不是表达(左)的空白,而是我们世界不可改变的向真实的靠近(右)。

61

波普

对波普艺术的欣赏和它在建筑中的稳固性是一个绝对的享受。没有人对其中某个坎贝尔汤罐头（Campbell's Soup can）有不同于其他罐头的特别兴趣。除了它作为间接表现的状态（这是个绘画不需要去面对的问题），建筑是被逐步建立起来的，具有一个构造出来并中立于它的表现状态的逻辑。任何波普物体和其他波普物体之间的可交换性，相反的，源自它作为某一范畴的意识形态物体而进行的批判性宣传，一个晚期资本主义生产的标志，而不是作为一个具有内在优点的物体。它仅仅是作为一个被批判性论述的物体。自从被发明后，它就被没完没了地重复，一成不变。正是这种和内容（并因此涉及形式）之间的武断关系导致它的失败。由于武断性，那种把长满草的小山墩和肯尼迪刺杀事件联系起来的相同的武断性，最终揭示了波普的真谛：一种感情用事的艺术。不是作品的本身，而是自由漂移的怀旧情怀，被和波普物体联系起来，从而激起这种不被需要的兴趣。

确实，笼统的把波普艺术看作天真或自然的社会标识也与事实不符。当一个人仔细地看任何一个波普示例时，他会发现这个作品是经过精心的专业策划的，是流行创作中最好的作品：和企业灵魂的概念一样真实。

贝蒂·维利斯,"欢迎来到美丽的内华达州的拉斯韦加斯"标志设计者

62

实践的迁移

> 只有有机物能够适应有机物。
> ——希格弗里德·吉迪恩(Sigfroed Giedion),《机械化发令》

跨越整个生产、加工及最终传播和消费过程的多样的实践的机械化对于迁移都是开放的,而不是固定于替代物。我们注意到,希格弗里德·吉迪恩发现某些基本的任务,例如褪鸡毛,在已经自动化的系统中,还停留在手工作业的水平。但更有争议的是,19世纪的生产实践不仅没有被废弃,反而在现代社会被转换成为奢侈的象征。爱好变得和工作无法区分,因为它们和工作一样由很多相同的活动组成(例如复杂的模型制作,或者是仔细的采集和细心的收藏)。

因此,无论是在机械化过程中某个有机的瞬间,还是汽车工业中某个大批量原件的快速开模,或者是在洛克希德·马丁公司的"臭鼬工厂"中定制的独一份产品,手工艺的确包含了一个对物质需求的自然回应。所以,对手工艺的拒绝是倒退的,一个不认可手工艺实践的散播却主张重新创造产品的意识形态平台是不成立的。

世 界   249

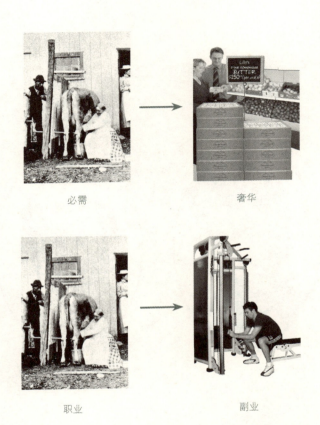

必需　　　　　　　　　奢华

职业　　　　　　　　　副业

63
伦理的迁移

"我许诺你一个没有童工和传染病的20世纪。"

"我许诺你一个没有童工和传染病的19世纪。"

64
理想的彩虹：产品的迁移

如果你想吃…

低热量燕麦片…

我们知道你会喜欢…

博朗电子剃须刀…

如果你喜欢看电视…

宋飞传重播…

然后花 250 美元在…

一件阿玛尼运动衣上…

或者可以仅仅挥霍在…

路虎越野车上。

雷泽 & 梅本
奋起湖车站基础设施
阿里山,中国台湾,2005 年

65
连续与不连续

只有自然才是真正连续的。建筑的建造者必须承认建筑是一部分一部分建起来的。在原罪的驱使下,对连续和不连续的渴望是欢乐和痛苦,真实与虚假的源泉。人类是有限的,他们的产品也同样有限。

人类是有限的,他们的产品也同样有限。

66

文化的唯物主义论点

在文化自身的物质属性范围内,相同的改变力量很容易被应用到其他方面。因此,文化中的改变也被同样的客观结构和现象所影响,这和古代医学用生命"原理"的行为来解释所有生物学现象是完全同样的方法。但是如果我们不再试图将从根本上是一体的东西分开,而是简单地想尝试把现象分类和结合,我们发现技术是真正成长和毁灭的结果,并且,因为它离句法和形而上学同样遥远,它可以被毫不夸张地和生理学联系起来。

——亨利·福西永,《艺术中形式的生命》

不像曾经我们看到的从不同文化中体现出来的地方性,一个全球化的地方性表现出一个全球化的文化,其中物质逻辑产生了区域性,而不是反过来。事实上,地域不再仅仅被自然的地点所定义。其中一个最明显的例子就是全球化的旅游业。

今天的旅游业不能和生态、政治、社会问题分离开。实际上,当所有这些类别都给予旅游业非常积极的目标时,对旅游经济的传统理解已经被新的模式所取代,它不仅是被融入了经济的大环境,更进入了文化的范畴。新的旅游基础设施的建设配合着国家和国际的目标，从重燃广大都市居民对自然环境的兴趣，到通过建立宜人的商业文化环境来吸引国际投资，到通过新的机构来赢得认可。像这样，旅游业不再像过去那样把游客视为过去历史或者静态的自然条件的观众，而是使旅游者参与进全新创造的过程。在某种程度上确实是这样：旅游者的出现，特别是在数量众多的情况下，的确从根本上改变了他们所访问的地方。但是旅游者从来都是被看做这个系统的外来产物，而且是不利于体现所谓正宗的文化，甚至会削弱或消除传统的文化行为。这都仅仅是强调了旅游业的负面影响，而没有承认它通过融合所能产生积极意义的可能性。

不再盲目崇拜作为制造形式手段的资金流和产量，建筑通过积极介入作为文化基础的物质实践参与了这种新的旅游模式。

既不是表面的或者侵入性的对场地的覆盖，也不是对一个想象中的过去的怀旧假定，而是对未来的积极推测，使这项工作的可能性从通过内在生态结构的连续应用而产生的一系列移植的地方主义中浮现出来。

67
新地方主义

传统的地方主义,如同任何基要主义,是真正的国际风格。从结构上说所有的地方主义都是一样的,只是他们地方性描述的语义学不同。结构上比全球化更单一的地方主义是一个倒退的构成,仅仅当它的对立面出现时才能作为一个意识形态被认出。

当全球化市场依赖于在通常充满敌意的市场中销售跨国界产品时,在介绍相似性和重复性作为建立霸权手段的地方,一个唯物主义者的文化和技术观点建立了一种极端地方主义,它证明了地方差异是内在的结构。它是种新的普遍性,立足于由无处不在的差异构成的一个更大的整体。以此,它既不提议强加一个单一的全球化系统,也不寻求固定或者限制传统的地域差别。关于全球化资金永远都是随同国际潮流的一对一的交流的设想是错误的。相反,极端地方主义主张在现存的跨国界系统中工作,从中它们可以贯穿本地惯例,但又将本地理解为双面意义:首先,全球化系统所代表的改变的概念是,它们不是单一的,而是可以创造出它们自己的地区和逻辑,其次,文化和国家地域的固有观念更多是属于意识形态,而不是现实,并且事实上少有例外地在持续地改变。所以任务不是去抵抗世界,而是寻找最有创意的方法

新地方主义

为什么每一处都和每一处一样?

在其中开发更富有的地区。

普遍性不再意味着所有属于同一范畴的区别可以被抹去，所有事物之间都是可以互相转换的。实际上，与之相反。资本主义在经济水平上设想了这个逻辑，但物质和文化系统拒绝这样的简单化。在一个物质和文化的框架里，一切都有界限和容量；因此，它们的局限在某种意义上是具体的。区别在于，属于同一范畴的假设被区别对待，不是基于它们各自的本质，而是基于它们的用途。

尽管不是完全意义上的可相互转换——沿着一定的路径和逻辑——地方主义可以在各种物质网络的形成中人为地显露出来。地方的偶然性不再形成区域，而是代表一个范围，如同结构和编码系统不再维持绝对的排外性。这需要另一个水平上的技巧。熔化的壶和它关于均质性的关注可以让位于合金这个新的概念；混合并不能抹去差异，而复合可以创造出新的不同。

注　释

前言

1. 弗里德里希·尼采,《关于生活历史的使用和缺点》,出自《不合时宜的考察》,丹尼尔·布里兹尔编辑,R·J·霍灵德尔翻译(剑桥,马萨诸塞:Cambridge University Press,1997),57-124

2. 德·阿西·汤普森,《关于生长和形式》修订版,(纽约:Dover,1992),前言注释

3. 阿尔多·罗西,《一个科学的自传》,劳伦斯·维努蒂翻译,(剑桥,马萨诸塞:MIT Press,1981),1

4. 同上

5. 罗伯特·文丘里,《建筑的复杂性和矛盾性》,(纽约:The Museum of Modern Art, 1966),30

6. E.H. 贡布里希爵士,《标准和形式:文艺复兴艺术的研究》第二版,(纽约:Phaidon, 1971),95

7. 同上,96

8. 乔治·贝特森,《迈向有意识的生物学》,(芝加哥:University Chicago Press,2000),459

9. 贡布里希,《标准和形式》,97

10. 同上

几何

11. 吉尔斯·德勒兹和费利克斯·瓜达里,《千座高原》,布莱恩·麦苏米翻译,(明尼阿波利斯:University of Minnesota Press, 1987),352-353

12. 埃德加·艾伦·波,《关于构成》,出自《埃德加·艾伦·波短篇作品精选:诗、故事和批评》,(纽约:Harper and Row, 1970),528-541

13. 曼纽尔·德兰达,《密度科学和虚拟哲学》,(纽约:Continuum, 2002)

14. 德勒兹和瓜达里,《千座高原》,10

15. 桑福特·昆特,引自杰西·雷泽和梅本奈奈子《东京湾项目:新的复杂性论文集》,(纽约:Columbia University Press, 1986)

16. 曼纽尔·德兰达,《密度科学和虚拟哲学》,28

17. 同上,18

18. 德勒兹和瓜达里,《千座高原》,352-353

物质

19 沃纳尔·奥彻斯林,《几何和线:建筑绘画的维特鲁威科学》,Daidalos 1 (1981), 20-35

20 马里奥·萨尔瓦多雷和罗伯特·哈勒,《建筑中的结构:建筑的建造》第二版,(恩格伍德崖: Prentice Hall,1975), 272

21 彼得·麦克雷尔《罗伯特·勒·卢卡莱斯对牢不可破理想的追寻》, Lotus Internatinal 99 (1998): 102-31

22 见,例如, Foreign Office Architects 的新世贸中心塔楼方案,纽约。这些塔是卢卡莱斯柱体实验的缩放结果。

23 J·B·S·霍德恩,《关于正确的尺寸》,出自《数学世界》,詹姆斯R·纽曼编辑,(纽约: Simon and Schuster,1956), 953

24 李·斯莫林,《宇宙的生命》,(纽约: Oxford University Press,1997), 7

25 多奈尔德 E·英格贝尔,《生命的建筑》,出自《美国科学》, 278,第一期(1998年1月): 48-57

26 马丁·W·魏林顿-鲍曼:《三角拓扑学的巨人》,(华盛顿特区; Smithsonian Institution Press, 1989)

27 德勒兹和瓜达里,《千座高原》, 367。我们对于这段话的阅读是从格莱格林先前使用过的概念出发的,它强调一个唯物主义者对非精确和不精确的几何尺度的理解。

28 詹姆斯·R·纽曼,《女王恶作剧,肥皂泡,和盲人数学家的评论》,出自《数学世界》,纽曼编辑, 882-85

操作

29 史蒂芬 J·古德,《生命历史的纹理》,出自《第三文化:在科学革命之外》,约翰-布洛克曼编辑,(纽约: Touchstone, 1996), 51-73

30 埃里克·布朗上尉,《德国空军指挥部之翼》, G.威廉姆·格林编辑,(伦敦: MacDonald, 1977)

31 比尔·叶尼,《世界上最差的飞行器》,(格林威治,康乃狄格: Brompton Books, 1990), 100

32 保罗·维莱利,《关于绘画》,引自《保罗·维莱利的著作选集》,安东尼·保尔翻译,(纽约: New Directions,1964), 222

需要避免的普遍错误

33 乔治·贝特森,《迈向有意识的生物学》,(芝加哥: University Chicago Press, 2000), 459

34 这一观点是由斯坦·艾伦在他的著作《点与线》中提出(纽约: Princeton Architectural Press, 1999), 102

参考书目

[1] 斯坦·艾伦.点与线,纽约:Princeton Architectural Press,1999

[2] 亚里士多德.尼各马其伦理学,J·A·K·汤姆森翻译.纽约,Penguin,2004

[3] 乔治·贝特森.迈向有意识的生物学.芝加哥:University of Chicago Press,2000

[4] 乔治·路易斯·伯格斯.迷宫.纽约:New Directions,1964

[5] 马丁·W·魏林顿·鲍曼,三角拓扑学的巨人.华盛顿特区,Smithsonian Institution Press,1989

[6] 布里亚·萨瓦宁,让·安瑟姆.哲学的品位——关于卓越的美食学的思考,M.F.K.菲舍尔翻译,1826,再版.纽约:Counterpoint Press,2000

[7] 埃里克·布朗上尉.德国空军指挥部之翼.G·威廉姆·格林编辑.伦敦:MacDonald,1977

[8] 曼纽尔·德兰达.非线性历史的一千年.纽约:Zone Books,1997

[9] 曼纽尔·德兰达.密度科学和虚拟哲学.纽约:Continuum,2002

[10] 曼纽尔·德兰达.非有机生命,出自《地带 6:结合》,约翰逊·克莱瑞和桑福德·昆特编辑.纽约:Zone Books,1992

[11] 吉尔斯·德勒兹和费利克斯·瓜达里.千座高原.布莱恩·麦苏米翻译.明尼阿波利斯：University of Minnesota Press, 1987
[12] 杰拉德·戴尔蒙德.枪,萌芽,和钢铁：人类社会的命运.纽约：W.W.Norton, 1997
[13] 亨利·福西永.艺术中形式的生命.查尔斯·比彻·霍根和乔治·库伯勒翻译, 1934.纽约：Zone Books, 1996
[14] 米歇尔·福柯.空间,知识和权利,出自《福柯读者》,保罗·莱比诺编辑.纽约：Pantheon Books, 1984
[15] 希格弗里德·吉迪恩.机械化发令：一个无名历史的贡献.纽约：Oxford University Books, 1948
[16] E·H·贡布里希爵士.标准和形式：文艺复兴艺术的研究,第二版.纽约：Phaidon, 1971
[17] 史蒂芬·J·古德.生命历史的纹理,出自《第三文化：在科学革命之外》,约翰·布洛克曼编辑.纽约：Touchstone, 1996
[18] J·B·S·霍德恩.关于正确的尺寸,出自《数学世界》,詹姆斯·R·纽曼编辑.纽约：Simon and Schuster, 1956
[19] 多奈尔德·E·英格贝尔.生命的建筑,出自《美国科学》,1998年1月
[20] 佛朗兹·卡夫卡.西奈山,出自《可能与悖论》,英文德文,1935.纽约：Schoken, 1974
[21] 杰弗里·坎普尼斯.走向新建筑,出自《建筑的折叠：建筑设计》第102期,格莱格·林客座编辑.伦敦：Academy Editions, 1993

[22] 勒·柯布西耶.走向新建筑.弗莱德里克·埃舍尔斯翻译,1931.纽约:Dover,1986
[23] 莱昂纳多·达·芬奇.莱昂纳多·达·芬奇的笔记本第一卷,让·保罗·理查编辑,1883.纽约:Dover,1970
[24] 詹姆斯·R·纽曼.女王恶作剧、肥皂泡和盲人数学家的评论,出自《数学世界》,詹姆斯·R·纽曼编辑.纽约:Simon and Schuster,1956
[25] 弗里德里希·尼采.不合时宜的考察,R·J·霍灵德尔翻译.剑桥:Cambridge University Press,1997
[26] 沃纳尔·奥彻斯林.几何和线:建筑绘画的维特鲁威科学,Daidalos 1(1981),20-35
[27] 厄温·潘诺夫斯基.视觉艺术的意义.芝加哥:University of Chicago Press,1982
[28] 阿尔伯特·佩瑞兹·高米兹.建筑和现代科学的危机,剑桥,马萨诸塞:MIT Press,1985
[29] 埃德加·艾伦·波.关于构成,出自《埃德加·艾伦·波短篇作品精选:诗、故事,和批评》.纽约:Harper and Row,1970
[30] 杰西·雷泽和梅本奈奈子.东京湾项目:新的复杂性论文集.纽约:Columbia University Press,1986
[31] 马里奥·萨尔瓦多雷和罗伯特·哈勒.建筑中的结构:建筑的建造,第二版.恩格伍德崖:Prentice Hall,1975
[32] 西里尔·斯坦利·史密斯.结构的寻找:关于科学艺术与历史的论文选集.剑桥,马萨诸塞:MIT Press,1983

[33] 李 · 斯莫林. 宇宙的生命. 纽约: Oxford University Press, 1997
[34] 德 · 阿西 · 汤普森. 关于生长和形式, 修订版. 纽约: Dover, 1992
[35] 保罗 · 维莱利. 著作选集. 纽约: New Directions, 1964
[36] 罗伯特 · 文丘里. 建筑的复杂性和矛盾性. 纽约: The Museum of Modern Art, 1966
[37] 比尔 · 叶尼. 世界上最差的飞行器. 格林威治, 康乃狄格: Brompton Books, 1990